1 正の数・負の数 ①

1 次の数の中から，(1)，(2)にあてはまる ×2)

$-6,\ 0.7,\ 3,\ 0,\ -\frac{2}{3},\ -10,\ +$

(1) 負の数　　(2)

2 ＋，－ の符号（ふごう）を使って，次の数や温度を表しなさい。（8点×4）

(1) 0より7大きい数　　(2) 0より4小さい数

(3) 0℃より5℃低い温度　　(4) 0℃より3.5℃高い温度

3 次の□にあてはまることばや数を入れなさい。（10点×5）

(1) 300円の収入を＋300円と表すことにすると，200円の支出は

□と表される。

(2) 37.5kgを基準にして，38kgは＋0.5kgと表すことにすると，36kgは

□kg，41kgは□kgと表される。

(3) いまから3時間後を＋3時間と表すことにすると，−2時間は，いまから

□を表す。

(4) 地点Pから北に10m移動することを＋10mと表すことにすると，−25m

は地点Pから□移動することを表す。

月　日

2 正の数・負の数 ②

80点

得点

点

解答 ➡ P.61

1 次の数直線上で，①，②にあたる数をいいなさい。また，③ -1，④ $+1.5$，⑤ $-4\frac{1}{2}$の点を数直線上に↓でしるしなさい。(4点×5)

2 次の数の絶対値をいいなさい。(5点×4)

(1) $+3$　　(2) -8　　(3) -0.5　　(4) $-6\frac{1}{3}$

3 次の問いに答えなさい。(6点×2)

(1) 絶対値が5.2である数を求めなさい。

(2) 絶対値が3以上6以下の整数を，すべて書きなさい。

4 次の各組の数の大小を，不等号を使って表しなさい。(8点×6)

(1) $+2$，-3　　(2) -1.01，-1.1

(3) -8，$+3$，0　　(4) -3.2，3，-2.3

(5) $-\frac{1}{2}$，$\frac{1}{3}$，$-\frac{1}{4}$　　(6) $-\frac{2}{3}$，$-\frac{3}{4}$，$-\frac{1}{2}$

3 正の数・負の数の加法

合格点 80点
得点　　点
解答 ➡ P.61

1 次の計算をしなさい。（8点×4）

(1) $(-8)+(-6)$

(2) $(+24)+(+16)$

(3) $(-9)+(+9)$

(4) $(-32)+(+17)$

2 次の計算をしなさい。（10点×4）

(1) $(+8.2)+(-6.5)$

(2) $(-6)+(-4.1)$

(3) $\left(-\frac{3}{8}\right)+\left(-\frac{1}{8}\right)$

(4) $\left(+\frac{1}{3}\right)+\left(-\frac{3}{5}\right)$

3 次の計算をしなさい。（14点×2）

(1) $(+3)+(-7)+(+6)+(-9)$

(2) $(-12)+(+8)+(-23)+(-11)+(+7)$

正の数・負の数の減法

合格点 80点
得点　　点
解答 ➡ P.62

1 次の計算をしなさい。（8点×6）

(1) $(+3)-(+7)$

(2) $(-5)-(+9)$

(3) $0-(-4)$

(4) $(-3)-(-3)$

(5) $(-78)-(-12)$

(6) $(+24)-(-24)$

2 次の計算をしなさい。（(1)〜(4)8点×4, (5)・(6)10点×2）

(1) $(-4.5)-(-1.7)$

(2) $(+2.9)-(+6.8)$

(3) $(-7.6)-(+7.6)$

(4) $\left(+\frac{2}{5}\right)-\left(-\frac{3}{5}\right)$

(5) $\left(-\frac{2}{3}\right)-\left(+\frac{1}{4}\right)$

(6) $\left(-\frac{3}{8}\right)-\left(-\frac{5}{6}\right)$

月　日

5 正の数・負の数の加減

合格点 80点

得点　　点

解答 ➡ P.62

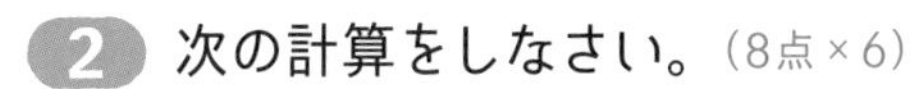

1 次の式は，どんな数の和を表していますか。（6点×2）

(1) $-6+8-9$

(2) $3-8+2-7$

2 次の計算をしなさい。（8点×6）

(1) $-9+2-13+6$

(2) $(-5)+11+(-8)$

(3) $-(-6)-14-(-9)$

(4) $-21-9+(-7)+4$

(5) $-11-(-23)+3+(-10)$

(6) $8+0-(-19)-12+(-15)$

3 次の計算をしなさい。（10点×4）

(1) $5.7+(-2.8)-(-1.4)$

(2) $-9.3-(-1.5)+(-2.3)-5.6$

(3) $\frac{1}{3}-\frac{1}{2}-\frac{5}{6}$

(4) $2-\frac{3}{4}-\left(-\frac{5}{6}\right)+\left(-\frac{2}{3}\right)$

月　日

6 正の数・負の数の乗法

合格点 80点
得点　　点
解答 ➡ P.63

1 次の計算をしなさい。(5点×4)

(1) $(-8)\times(-6)$

(2) $(-12)\times(+6)$

(3) $(+15)\times(-3)$

(4) $(-19)\times 0$

2 次の計算をしなさい。(10点×6)

(1) $(+3.5)\times(-4)$

(2) $\left(-\frac{3}{4}\right)\times\left(-\frac{5}{6}\right)$

(3) $4\times(-3)\times(-5)$

(4) $(-2)\times(-8)\times(-6)$

(5) $\left(-\frac{5}{7}\right)\times 14\times\left(-\frac{3}{10}\right)$

(6) $\left(-\frac{8}{15}\right)\times\left(-\frac{7}{12}\right)\times\left(-\frac{5}{14}\right)$

3 次の計算をしなさい。(10点×2)

(1) -2^3

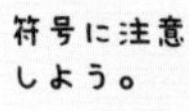

(2) $(-4)\times(-3)^2$

月　日

正の数・負の数の除法

合格点 80点

得点　　点

解答 ➡ P.63

1 次の計算をしなさい。（6点×4）

(1) $(-28)\div(-4)$

(2) $(+30)\div(-6)$

(3) $(-54)\div 9$

(4) $0\div(-5)$

2 次の数の逆数を求めなさい。（(1)・(2)5点×2，(3)6点）

(1) 8

(2) $-\dfrac{5}{7}$

(3) 2.5

3 次の計算をしなさい。（10点×2）

(1) $2.7\div(-9)$

(2) $(-6.24)\div(-0.8)$

4 次の計算をしなさい。（10点×4）

(1) $\left(-\dfrac{6}{7}\right)\div 2$

(2) $18\div\left(-\dfrac{3}{4}\right)$

(3) $\left(-\dfrac{2}{5}\right)\div\left(-\dfrac{8}{15}\right)$

(4) $\left(-\dfrac{5}{12}\right)\div\left(-\dfrac{3}{8}\right)\div\left(-\dfrac{10}{3}\right)$

月　日

8 正の数・負の数の乗除

合格点 80点
得点　　点
解答 ➡ P.63

1 次の計算をしなさい。(10点×8)

(1) $(-12)\div 8\times(-4)$

(2) $6\div\left(-\frac{8}{5}\right)\times\left(-\frac{4}{5}\right)$

(3) $(-8)^2\div(-2^3)$

(4) $-48\div(-2)^2$

(5) $\left(-\frac{5}{9}\right)\times\left(-\frac{2}{15}\right)\div\frac{4}{3}$

(6) $\left(-\frac{4}{3}\right)^2\div(-2)^3\times\left(-\frac{3}{5}\right)$

(7) $56\div(-8)\div(-14)\times 4$

(8) $(-6)^2\div(-9)\times\frac{3}{8}$

2 ある数を -4.5 でわった商が，$-\frac{2}{3}$ を 2.5 でわった商に等しいとき，ある数を求めなさい。(20点)

月　日

9 正の数・負の数の計算 ①

合格点 80点

得点　　点

解答 ➡ P.64

1 次の計算をしなさい。（(1)〜(6)6点×6, (7)・(8) 8点×2）

(1) $-14-(-4)\times3$

(2) $7-(-12)\div(-2)$

(3) $7\times(-8)-(-63)\div7$

(4) $-23+5\times(-7)+41$

(5) $-18+(-3)\times2^2$

(6) $(-6)^2-3\times(-7)$

(7) $\dfrac{2}{3}\div(-4)-\dfrac{5}{2}\times\dfrac{1}{3}$

(8) $15\times\left(-\dfrac{1}{2}\right)^2-\dfrac{5}{6}\div\left(-\dfrac{10}{3}\right)$

2 次の計算をしなさい。（8点×6）

(1) $(-5)\times(-2+8)$

(2) $48\div(-9-3)$

(3) $7-4\times(8-15)$

(4) $15\times(-2)-(-23+7)\times3$

(5) $(-8)+(-14+2^2)\div(-5)$

(6) $24\div(17-5^2)-(-2)$

月　日

10 正の数・負の数の計算②

合格点 80点
得点 　点

解答 ➡ P.64

1 次の計算をしなさい。（10点×6）

(1) $\{6+(5-17)\}\times4$

(2) $(-7)-\{3-(-24)\div4\}$

(3) $\{8-16\div(-2)\}\times3-(-5)$

(4) $\{6+(-6)\times2\}\times(3-4)$

(5) $\{3+(2.7-5.4)\}\times(-0.2)$

(6) $9-\{(-2)^3-(6-10)\}$

2 次の計算をしなさい。（10点×4）

(1) $12\times\left(\frac{1}{3}-\frac{1}{2}\right)$

(2) $\left(-\frac{1}{6}+\frac{5}{8}\right)\times(-24)$

(3) $(-9)\times14+(-9)\times6$

(4) $68.3\times(-6)-71.3\times(-6)$

正の数・負の数の利用

合格点 80点
得点　点
解答 ➡ P.64

1 下の表は，8人の生徒A~Hの数学のテストの得点から，基準にした点数をひいたものです。（10点×3）

生　徒	A	B	C	D	E	F	G	H
基準の点との差(点)	−14	+5	+23	−27	0	−9	+16	−18

(1) 基準の点と等しい人はだれですか。

(2) 最高点と最低点の差は何点ですか。

(3) 基準の点を70点としたとき，8人の平均点は何点ですか。

2 数の範囲が次の数の集合のとき，**ア**～**エ**の四則計算のうち，計算がいつでもできるものをすべて選んで，記号で答えなさい。ただし，0でわる場合を除きます。（12点×3）

ア 加法　**イ** 減法　**ウ** 乗法　**エ** 除法

整数には負の数もふくまれるよ。

(1) 自然数の集合

(2) 整数の集合

(3) 数全体の集合

3 次の自然数を素因数分解しなさい。（(1)·(2)10点×2，(3)14点）

(1) 18　(2) 350　(3) 684

まとめテスト①

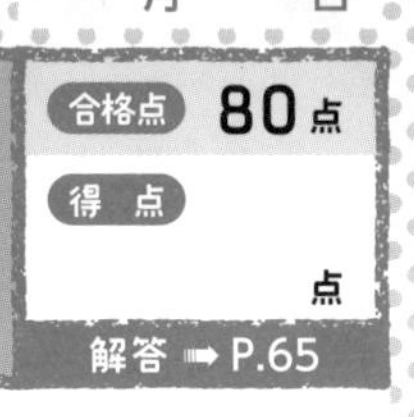

月　日

1 次の各組の数の大小を，不等号を使って表しなさい。（5点×2）

(1) $-4,\ -7$　　(2) $-0.1,\ -\dfrac{1}{5},\ -1$

2 次の問いに答えなさい。（10点×2）

(1) 絶対値が5以下の整数は何個ありますか。

(2) 60にできるだけ小さい自然数をかけて，ある自然数の2乗にするには，どのような数をかければよいですか。

3 次の計算をしなさい。（10点×6）

(1) $-7+(-6)-(-4)$　　(2) $(-8)\div(-12)\times 9$

(3) $7-(-11-2^2)\div(-3)$　　(4) $\dfrac{1}{8}-\left(-\dfrac{2}{3}\right)^2\div\left(-\dfrac{8}{9}\right)$

(5) $10-\{-3-(3-5)\times 7\}$　　(6) $\left(-\dfrac{5}{6}+\dfrac{4}{9}\right)\times(-36)$

4 さいころを投げるとき，出た目が偶数（ぐうすう）なら $+3$ 点，奇数（きすう）なら -2 点の得点とします。さいころを3回投げて，1回目が5，2回目が2，3回目が3の目が出たとき，3回の得点の合計を求めなさい。（10点）

月　日

13 文字式の表し方

合格点 80点

得点　　点

解答 ➡ P.65

1 次の式を，文字式の表し方にしたがって表しなさい。

((1)〜(6)6点×6, (7)〜(10)8点×4)

(1) $b \times 3 \times a$

(2) $(a+b) \times 6$

(3) $a \times 4 \times a \times a$

(4) $x \times (-2) \times x \times y \times x \times y$

(5) $x \div 5$

(6) $7 \times x \div y$

(7) $(a+4) \div 9$

(8) $5x \div (-8)$

(9) $a \div 6 - b \times 6$

(10) $x \times 12 + (a-b) \div (-y)$

2 次の式を，× や ÷ の記号を使って表しなさい。(8点×4)

(1) $2x^2y$

(2) $\frac{5a}{b}$

(3) $3a - \frac{b}{5}$

(4) $\frac{x+y}{3}$

1 次の数量を，文字を使った式で表しなさい。（10点×4）

(1) 1辺が $a$cm の正方形の面積

(2) 1個300円のおかしを a 個買って，250円の箱に入れたときの代金

(3) $x$km 離(はな)れた町まで，毎時3km の速さで歩いたときにかかった時間

(4) 毎時4km の速さで x 時間歩き，その後毎時35km の速さのバスで y 時間進んだときの全体の道のり

2 次の数量の和を，[　]の中の単位で表しなさい。（12点×2）

(1) a 時間と b 分間　[分]

(2) xL と ydL　[L]

3 次の数量を，文字を使った式で表しなさい。（12点×3）

(1) ag の11%

(2) x 円の7割

(3) 定価 y 円の品物を，定価の1割引きで買ったときの代金

月　日

15 式の値

合格点 80点
得点　点
解答 ➡ P.66

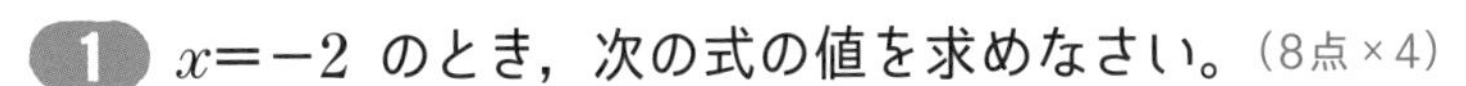

1 $x=-2$ のとき，次の式の値を求めなさい。（8点×4）

(1) $3x+8$

(2) $-2x-5$

(3) $\dfrac{18}{x}$

(4) $\dfrac{4}{x}+3$

2 $a=-6$ のとき，次の式の値を求めなさい。（8点×4）

(1) $-a$

(2) a^2

(3) $-a^2$

(4) $(-a)^2$

3 $x=4$ のとき，次の式の値を求めなさい。（8点×2）

(1) $-7x+9$

(2) $-3x^2$

4 $a=\dfrac{3}{2}$ のとき，次の式の値を求めなさい。（10点×2）

(1) $2a-4$

(2) $\dfrac{3}{a}$

月　日

16 1次式の計算 ①

合格点 80点

得点　　点

解答 ➡ P.66

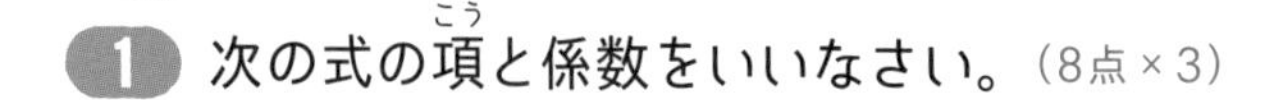

1 次の式の項(こう)と係数をいいなさい。（8点×3）

(1) $5a-3$　　(2) $2x+4y$　　(3) $3x-\dfrac{y}{2}$

2 次の計算をしなさい。（6点×4）

(1) $2a+5a$　　(2) $8x-6x$

(3) $-4y-y$　　(4) $9x-(-2x)$

3 次の計算をしなさい。（6点×4）

(1) $3a-a+7a$　　(2) $9x+4-x-7$

(3) $-5a-2+6a-8$　　(4) $4x+1-7x+5$

4 次の計算をしなさい。（7点×4）

(1) $(4a-2)+(2a-3)$　　(2) $(2x-7)+(x-8)$

(3) $(6x-3)-(x-9)$　　(4) $(3a+6)-(5-3a)$

17 1次式の計算 ②

合格点 80点
得点　　点
解答 ➡ P.66

1 次の２つの式をたしなさい。（7点×2）

(1) $5x+2$, $8x-9$

(2) $-3x-\frac{1}{3}$, $4x-\frac{2}{3}$

2 次の左の式から右の式をひきなさい。（7点×2）

(1) $7x-8$, $-x+2$

(2) $-4x+\frac{2}{5}$, $-5x-\frac{1}{3}$

3 次の計算をしなさい。（8点×4）

(1) $5x\times(-3)$

(2) $\left(-\frac{3}{4}x\right)\times(-8)$

(3) $18x\div(-6)$

(4) $(-28y)\div(-4)$

4 次の計算をしなさい。（10点×4）

(1) $2(a+5)$

(2) $(3a-2)\times(-3)$

(3) $\frac{1}{3}(12x+3)$

(4) $\left(\frac{3}{4}x-\frac{1}{2}\right)\times(-8)$

18 1次式の計算 ③

合格点 80点

得点　　点

解答 ➡ P.66

1 次の計算をしなさい。（7点×4）

(1) $\dfrac{3x+5}{2}\times 8$

(2) $18\times\dfrac{4a-7}{9}$

(3) $(18a-12)\div 3$

(4) $(20x-28)\div(-4)$

2 次の計算をしなさい。（8点×4）

(1) $6x-(3-4x)$

(2) $7a-6+3(a+3)$

(3) $9(x-2)-4(-x-7)$

(4) $-3(x-6)+2(x-4)$

3 次の計算をしなさい。（10点×2）

(1) $\left(\dfrac{3}{4}x+\dfrac{5}{6}\right)-\left(\dfrac{1}{2}x-\dfrac{1}{6}\right)$

(2) $2x-8-\dfrac{1}{2}(6x-4)$

4 $A=-x+7$，$B=2x-3$ として，次の式を計算しなさい。（10点×2）

(1) $-3A$

(2) $A+2B$

関係を表す式

合格点 80点
得点　　点
解答 ➡ P.67

1 次の数量の関係を等式に表しなさい。（14点×2）

(1) 1個 x 円のケーキ5個と200円のパン1個を買って，代金 y 円を支払った。

(2) x 枚の紙を1人4枚ずつ a 人に配ると，3枚余る。

2 次の数量の関係を，$y=$～ の形で表しなさい。（14点×2）

(1) xm のリボンから15cm の長さのリボンを a 本切り取ったら，$y$cm 余った。

(2) 毎時 $x$km の速さで50分間歩いたら，進んだ道のりは $y$km であった。

3 次の数量の関係を不等式で表しなさい。（14点×2）

(1) 1本 a 円のボールペンを6本買うと，代金は500円以上になる。

(2) ある数 x から9をひいた数は，x を3倍した数より小さい。

4 右の図のように，同じ点Oを中心とする半径 $a$cm と半径 $b$cm（$a>b$）の2つの半円があります。円周率を π，色のついた部分の面積を Scm^2 とするとき，S を a，b，π を使って表しなさい。（16点）

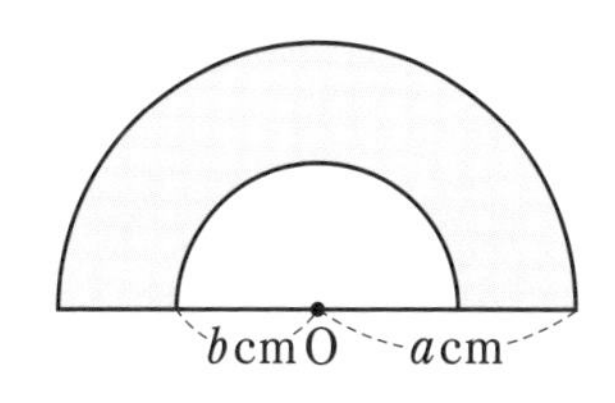

月　日

まとめテスト ②

合格点 80点
得点 　点
解答 ➡ P.67

1 次の式を，× や ÷ の記号を使って表しなさい。(8点 × 2)

(1) $6a^2b$

(2) $\dfrac{2x-5}{9}$

2 次の計算をしなさい。(9点 × 4)

(1) $\left(\dfrac{5}{3}a-\dfrac{3}{4}\right)\times(-12)$

(2) $\dfrac{4x-1}{3}\times6$

(3) $2(3x-2)+3(x-1)$

(4) $\dfrac{1}{2}(x-2)-\dfrac{1}{4}(3x-5)$

3 $a=-3$ のとき，次の式の値を求めなさい。(12点 × 2)

(1) $4a+5$

(2) a^2-a

4 チョコレート 100 個を，男の子 12 人に a 個ずつ，女の子 15 人に b 個ずつ配ったら，チョコレートが余りました。このときの数量の関係を不等式で表しなさい。(12点)

5 2 けたの自然数 n があります。十の位の数を a，一の位の数を b とするとき，n を a，b を使った式で表しなさい。(12点)

月　日

方程式とその解

合格点 80点

得点　　点

解答 ➡ P.67

1 次の数量の関係を等式で表しなさい。(12点×2)

(1) ある数xの3倍に4をたすと，xの5倍に等しくなる。

(2) 1冊x円のノートを6冊と，1本70円の鉛筆を1本買ったら，代金は670円になった。

2 次の**ア**～**カ**の方程式のうち，$x=4$ が解となるものをすべて選びなさい。(28点)

ア $x+3=6$　　**イ** $3x=x+8$　　**ウ** $2x-5=x+1$

エ $-3x+6=x+2$　　**オ** $3x-(2-x)=6$　　**カ** $x-3(x-1)=-5$

3 -1，0，1，2の中から，次の方程式の解となっているものを選びなさい。(12点×4)

(1) $5x-4=x$

(2) $x-3=-\frac{1}{2}x$

(3) $x+3=2(x+2)$

(4) $3x+5=7x+1$

22 等式の性質と方程式

合格点 80点
得点　　点
解答 ➡ P.68

1 次の式の変形には，右の等式の性質①～④のどれを使っていますか。(8点×2)

〔等式の性質〕

① $A=B$ ならば，$A+C=B+C$

② $A=B$ ならば，$A-C=B-C$

③ $A=B$ ならば，$AC=BC$

④ $A=B$ ならば，$\frac{A}{C}=\frac{B}{C}$

（ただし，$C \neq 0$）

(1) $x-9=5$

$x=5+9$

(2) $3x=-6$

$x=-2$

2 等式の性質を用いて，次の方程式を解きました。□にあてはまる数を入れなさい。(4点×16)

(1) $x-8=-2$

両辺に□をたして，

$x-8+\square=-2+\square$

$x=\square$

(2) $x+6=14$

両辺から□をひいて，

$x+6-\square=14-\square$

$x=\square$

(3) $\frac{x}{5}=-3$

両辺に□をかけて，

$\frac{x}{5}\times\square=-3\times\square$

$x=\square$

(4) $-7x=112$

両辺を□でわって，

$-7x\div(\square)=112\div(\square)$

$x=\square$

3 次の方程式を解きなさい。(10点×2)

(1) $7+x=-1$

(2) $\frac{1}{3}x=6$

月　日

23 1次方程式の解き方①

合格点 80点
得点　　点
解答 ➡ P.68

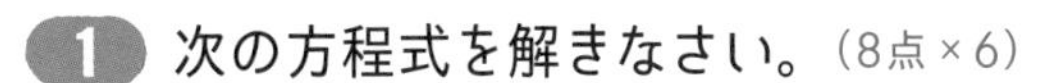

1 次の方程式を解きなさい。(8点×6)

(1) $x+2=8$

(2) $2x-1=-7$

(3) $5+3x=8$

(4) $2-5x=12$

(5) $x=4x+15$

(6) $7x=16-x$

2 次の方程式を解きなさい。((1)～(4)8点×4, (5)・(6)10点×2)

(1) $2x+5=x+11$

(2) $x+6=6x-14$

(3) $7x-2=4x+13$

(4) $3+5x=x-9$

(5) $-2x+9=3-8x$

(6) $11-x=4x-4$

1次方程式の解き方②

合格点 80点
得点　　点
解答 ➡ P.68

1 □をうめて，次の方程式を解きなさい。（2点×15）

(1) $3(x-2)=8x+4$

かっこをはずすと，

$3x-\square=8x+4$

□，□を移項（いこう）すると，

$3x-\square=4+\square$

$\square=10$

$x=\square$

(2) $2x-5(x-3)=9$

かっこをはずすと，

$2x-\square+\square=9$

□を移項すると，

$2x-\square=9-\square$

$\square=\square$

$x=\square$

2 次の方程式を解きなさい。（14点×5）

(1) $7x-3(x-4)=4$

(2) $-4(x-4)=5(6-x)$

(3) $13x=9-(3-x)$

(4) $10-4(1-x)=9$

(5) $8(2x-4)-6(1+3x)=4x-2$

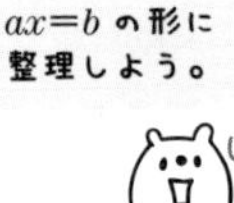

25 1次方程式の解き方 ③

合格点 80点
得点　　点
解答 ➡ P.68

1 □をうめて，次の方程式を解きなさい。（2点×15）

(1) $\frac{1}{3}x-5=\frac{3}{4}x$

両辺に□をかけると，

$\left(\frac{1}{3}x-5\right)\times\square=\frac{3}{4}x\times\square$

$\square-60=\square$

$-5x=\square$

$x=\square$

(2) $\frac{x-3}{4}=\frac{1}{7}x$

両辺に□をかけると，

$\left(\frac{x-3}{4}\right)\times\square=\frac{1}{7}x\times\square$

$\square-\square=\square$

$3x=\square$

$x=\square$

2 次の方程式を解きなさい。（14点×5）

(1) $2x-3=\frac{x+1}{3}$

(2) $\frac{x-1}{2}=\frac{1}{5}x-2$

(3) $x+\frac{1}{12}=\frac{3}{4}x+\frac{1}{3}$

(4) $\frac{3x+5}{2}=\frac{x-5}{4}$

(5) $\frac{x-2}{4}-\frac{2x-1}{3}=-1$

26 1次方程式の解き方④

合格点 80点

得点 　点

解答 ➡ P.69

1 □をうめて，次の方程式・比例式を解きなさい。（2点×14）

(1) $1.8x-2=3.4$

両辺に□をかけると，

$(1.8x-2)\times\square=3.4\times\square$

$18x-\square=\square$

$18x=\square$

$x=\square$

(2) $5:x=3:4$

外側の項（こう）の積と□の項の□は等しい。

$\square\times3=5\times\square$

$3x=\square$

$x=\dfrac{\square}{\square}$

2 次の方程式・比例式を解きなさい。（12点×6）

(1) $0.6x-3=0.7x$

(2) $0.8x-1.56=1.2x+0.84$

(3) $0.2(x-1)=0.3(2-3x)+x$

(4) $x:16=5:8$

(5) $(x-3):10=7:2$

(6) $3:5=x:(16-x)$

1次方程式の利用 ①

解答 ➡ P.69

1 x についての方程式 $0.5x-7a+x=12$ の解が -6 のとき，a の値を求めなさい。（20点）

2 ある自然数から 5 をひいて 4 倍した数は，その自然数の 3 倍から 15 をひいた数と等しいといいます。（20点 × 2）

(1) ある自然数を x として，方程式をつくりなさい。

(2) ある自然数を求めなさい。

3 十の位の数が 6 である 2 けたの正の整数があります。この整数の十の位の数と一の位の数を入れかえてできる数は，もとの数より 18 大きくなります。（20点 × 2）

(1) もとの整数の一の位の数を x として，方程式をつくりなさい。

(2) もとの正の整数を求めなさい。

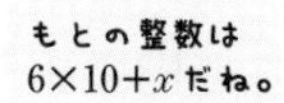

1 ケーキ7個と80円のプリン1個を買ったときの代金は，同じケーキ1個と120円のジュース1本を買ったときの代金の5倍になりました。

（15点×2）

(1) ケーキ1個の値段をx円として，方程式をつくりなさい。

(2) ケーキ1個の値段を求めなさい。

2 10円硬貨（こうか）と50円硬貨が合わせて35枚あって，その合計金額は910円です。（20点×2）

(1) 10円硬貨がx枚あるとして，方程式をつくりなさい。

(2) 10円硬貨と50円硬貨の枚数をそれぞれ求めなさい。

3 りんご3個と250円のなし1個を買ったときの代金の2倍は，同じりんご1個と60円のみかん1個を買ったときの代金の5倍より400円多いです。このりんご1個の値段を求めなさい。（30点）

1次方程式の利用 ③

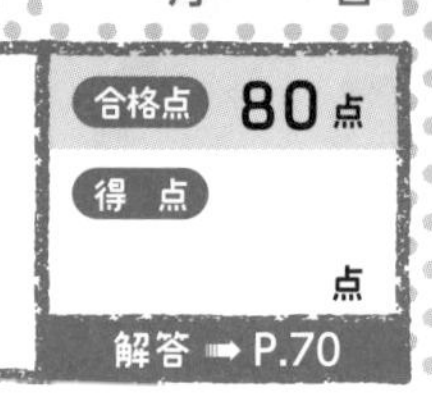

1 ケーキを8個買うには，持っていた金額では180円たりなかったので，7個買ったら，60円余りました。(20点×2)

(1) ケーキ1個の値段をx円として方程式をつくり，xの値を求めなさい。

(2) 持っていた金額を求めなさい。

2 折り紙を何人かの子どもに配ります。1人に5枚ずつ配ると8枚たりません。また，1人に4枚ずつ配ると12枚余ります。子どもの人数と折り紙の枚数を次の方法でそれぞれ求めなさい。(20点×2)

(1) 子どもの人数をx人として方程式をつくって求めなさい。

(2) 折り紙の枚数をx枚として方程式をつくって求めなさい。

3 現在，兄の年齢は弟の年齢の3倍ですが，5年後には兄の年齢が弟の年齢の2倍になるといいます。現在の兄と弟の年齢をそれぞれ求めなさい。(20点)

1次方程式の利用 ④

1 周囲が 2.4km の池のまわりを，A さんと B さんが同じ地点から反対の方向に同時に歩き始めました。A さんは毎分 70m の速さで，B さんは毎分 90m の速さで歩くとき，歩き始めてから何分後に 2 人は出会いますか。（25点）

2 家から図書館まで行くのに，毎分 80m の速さで歩いて行くのと，毎分 200m の速さで走って行くのでは，かかる時間が 24 分ちがうといいます。（25点 × 2）

(1) 家から図書館までの道のりを xm として，方程式をつくりなさい。

(2) 家から図書館までの道のりは何 m ですか。

3 妹は 8 時に家を出発して 1km 離(はな)れた駅に向かって歩きました。妹の忘れ物に気づいた姉は，8 時 12 分に家を出発して自転車で妹を追いかけました。妹の歩く速さを毎分 50m，姉の自転車の速さを毎分 200m とすると，姉が妹に追いつくのは，8 時何分ですか。（25点）

まとめテスト ③

合格点 80点

得点　　点

解答 ➡ P.70

1 次の方程式を解きなさい。(10点×4)

(1) $17-2x=52+3x$

(2) $13-5(2-x)=-27$

(3) $-0.2x-2.3=0.6x+0.9$

(4) $\frac{3}{4}x-\frac{2}{3}=\frac{2}{3}x+1$

2 次の比例式を解きなさい。(10点×2)

(1) $21:x=7:2$

(2) $(x-5):12=3:4$

3 x についての方程式 $2x-\frac{a-x}{3}=-5$ の解が -2 のとき，a の値を求めなさい。(20点)

4 家から 2km 離(はな)れた学校へ行くのに，はじめは毎分 40m の速さで歩いていましたが，途中(とちゅう)のP地点から毎分 60m の速さで歩いたところ，家を出てから 40 分後に学校に着きました。家からP地点までの道のりは何 m ですか。(20点)

32 比　例①

1 次の**ア**～**ウ**の中から，y が x の関数であるものをすべて選びなさい。（20点）

ア 半径 $x$cm の円の周の長さ $y$cm

イ 体重 $x$kg の人の身長 $y$cm

ウ 5L の水が入っている水そうから，1 分間に 2dL ずつ x 分間水を出したときの残りの水の量 yL

2 P 市から 25km 離（はな）れた Q 市へ行くとき，進んだ道のりを $x$km，残りの道のりを $y$km とします。下の表の空らんをうめなさい。（4点×5）

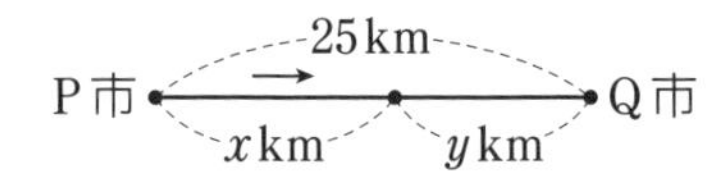

x（km）	5	10	15	20	25
y（km）					

3 横が 6cm，縦が $x$cm の長方形の周の長さを $y$cm とするとき，次の問いに答えなさい。

6cm
$x$cm

(1) 下の表の空らんをうめなさい。（5点×6）

x（cm）	1	2	3	4	5	6
y（cm）						

(2) y を x の式で表しなさい。（15点）

(3) y は x の関数であるといえますか。（15点）

比　例②

1 次の**ア**～**エ**の中から，y が x に比例するものをすべて選びなさい。また，比例するものについては，比例定数をいいなさい。（20点）

ア $y=2x$　**イ** $y=3x-2$　**ウ** $y=\frac{4}{x}$　**エ** $y=-\frac{3}{4}x$

2 次の(1)，(2)について，y が x に比例することを示しなさい。また，その比例定数をいいなさい。（10点×2）

(1) 毎分70mの速さで歩く人が，x 分間に進んだ道のりを ym とする。

(2) 1mの重さが80gの針金の xm の重さを yg とする。

3 y は x に比例し，$x=3$ のとき $y=-18$ です。（15点×2）

(1) y を x の式で表しなさい。

(2) $x=-2$ のときの y の値を求めなさい。

4 深さ45cmの直方体の水そうに，水を5L入れたら，水の深さは3cmになりました。この水そうに水を xL 入れるときの水の深さを $y$cm とします。（10点×3）

(1) y を x の式で表しなさい。

(2) x の変域（へんいき）と y の変域をそれぞれ不等号を使って表しなさい。

座　標

合格点 80点

得　点　　点

解答 ➡ P.71

1 右の図で，点 A，B，C，D の座標を求めなさい。(8点×4)

A(　　,　　)　　B(　　,　　)

C(　　,　　)　　D(　　,　　)

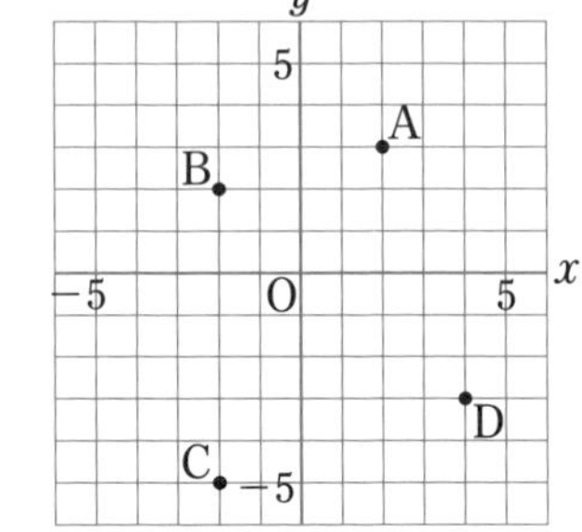

2 右の図に，点 E(3，1)，F(−5，0)，G(0，−3.5)，H(2，−4) の 4 点をかきなさい。(8点×4)

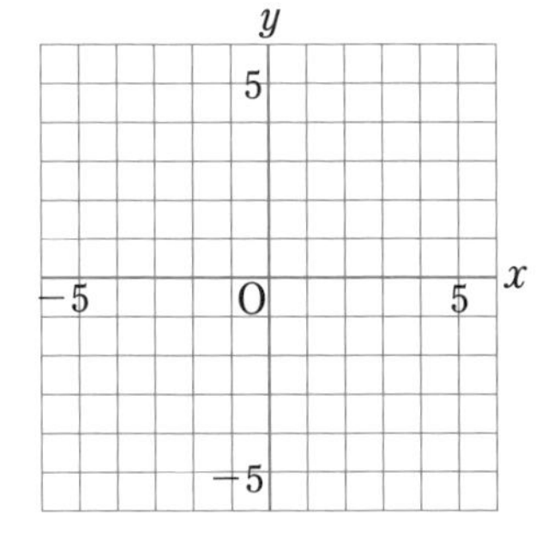

3 右の図について，次の問いに答えなさい。

(12点×3)

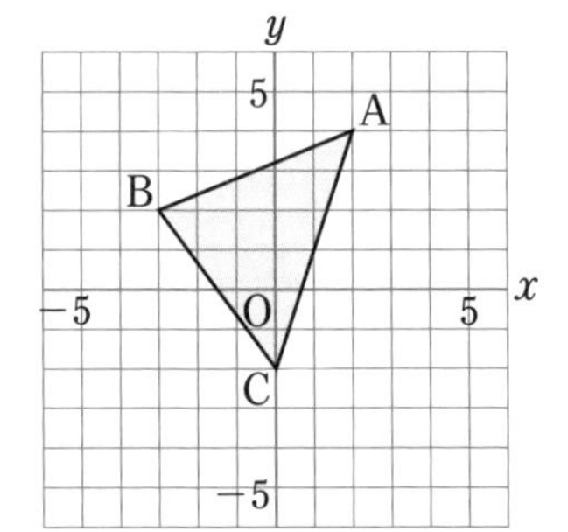

(1) 点 A と x 軸(じく)について対称(たいしょう)な点の座標を求めなさい。

(2) 点 B と y 軸について対称な点の座標を求めなさい。

(3) 三角形 ABC の面積を求めなさい。ただし，座標軸の 1 目もりを 1cm とします。

35 比例のグラフ

合格点 80点
得点 点
解答 ➡ P.72

1 $y=-1.5x$ のグラフを，次の手順でかきなさい。

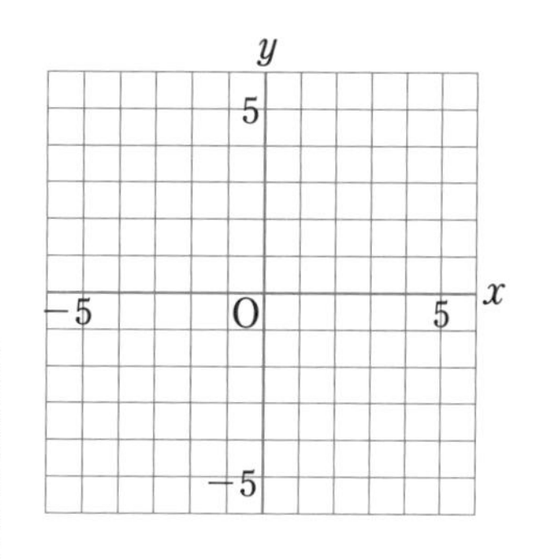

(1) x の値に対応する y の値を求め，下の表の空らんをうめなさい。(4点×5)

x	…	−4	−2	0	2	4	…
y	…						…

(2) $y=-1.5x$ のグラフを右の図にかきなさい。(8点)

2 次の(1)～(3)の比例のグラフを，右の図にかきなさい。(12点×3)

(1) $y=2x$

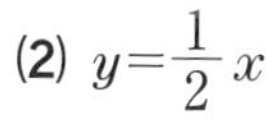
(2) $y=\frac{1}{2}x$

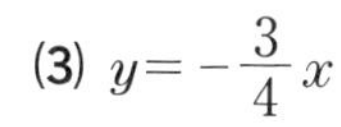
(3) $y=-\frac{3}{4}x$

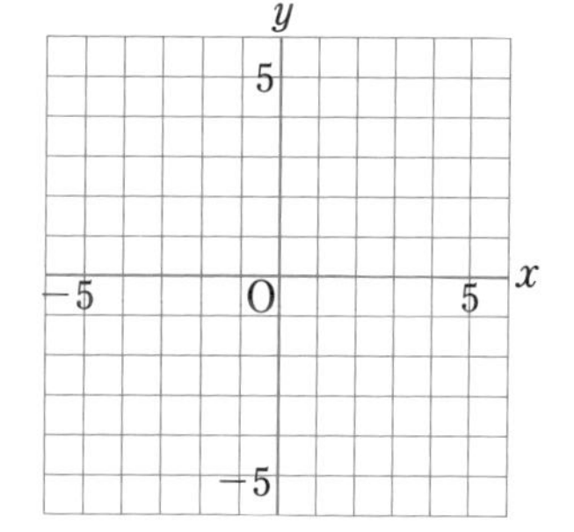

3 右の図の(1)～(3)の比例のグラフについて，y を x の式で表しなさい。(12点×3)

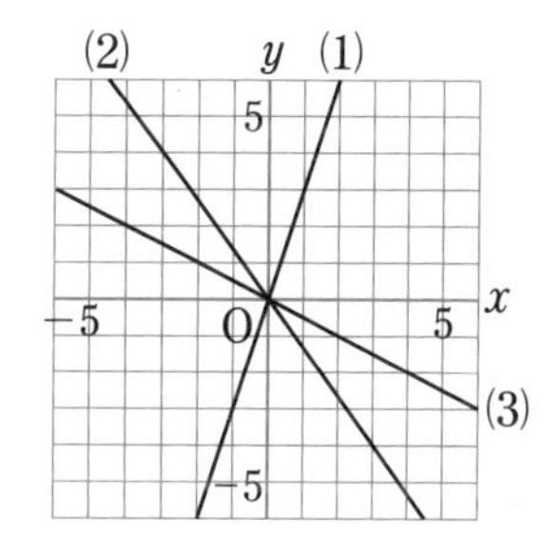

反 比 例

解答 ➡ P.72

1 毎分 4L の割合で水を入れると，6 分間でいっぱいになる水そうがあります。この水そうに毎分 xL の割合で水を入れるとき，いっぱいになるまでの時間を y 分とします。

(1) 下の表の空らんをうめなさい。（5点×6）

x	1	2	3	4	5	6	8
y				6			

(2) x の値が 2 倍，3 倍，4 倍になると，対応する y の値はどのように変わりますか。（10点）

(3) y を x の式で表しなさい。また，x と y の関係をいいなさい。（10点×2）

2 AB 間の道のりは，分速 60m で進むと 20 分かかります。この道のりを分速 xm で進むと y 分かかるとします。（10点×2）

(1) y を x の式で表しなさい。

(2) この道のりを分速 80m で進んだとき，何分かかりますか。

3 y は x に反比例し，$x=9$ のとき $y=-4$ です。（10点×2）

(1) y を x の式で表しなさい。

(2) $2 \leqq x \leqq 12$ として，y の変域（へんいき）を求めなさい。

反比例のグラフ

合格点 80点
得点　　点
解答 ➡ P.72

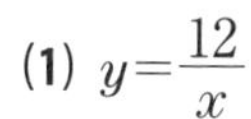

1 次の(1)，(2)の反比例のグラフを，右の図にかきなさい。(15点×2)

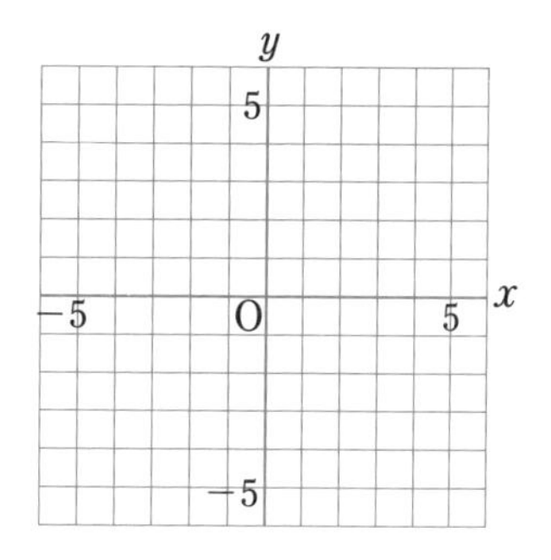

(1) $y=\dfrac{12}{x}$

(2) $y=-\dfrac{6}{x}$

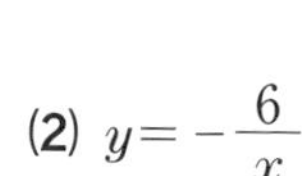

2 次の□にあてはまる数や文字を入れなさい。(10点×3)

(1) 3点 A(2, 9)，B(0, 0)，C(−3, 6) のうちで，$y=-\dfrac{18}{x}$のグラフ上にある点は□である。

(2) 点(4, −14) を通る反比例のグラフの式は，$y=\dfrac{\square}{x}$である。また，このグラフは点$(-7,\ \square)$を通る。

3 右の図のように，点(−4, −2) を通る反比例のグラフ $y=\dfrac{a}{x}$ 上に点Pをとります。点Pから x 軸に垂線をひき，x 軸との交点をQとします。(20点×2)

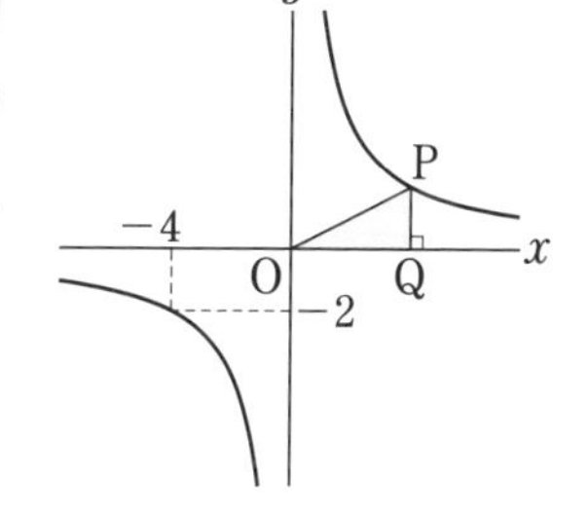

(1) a の値を求めなさい。

(2) 三角形OPQの面積を求めなさい。

38 比例・反比例の利用 ①

合格点 80点
得点 　　点
解答 ➡ P.73

1 右のグラフは，A，B 2人がそれぞれバイクと自転車に乗って，一定の速さで走った時間と道のりの変化のようすをグラフに表したものです。（15点×3）

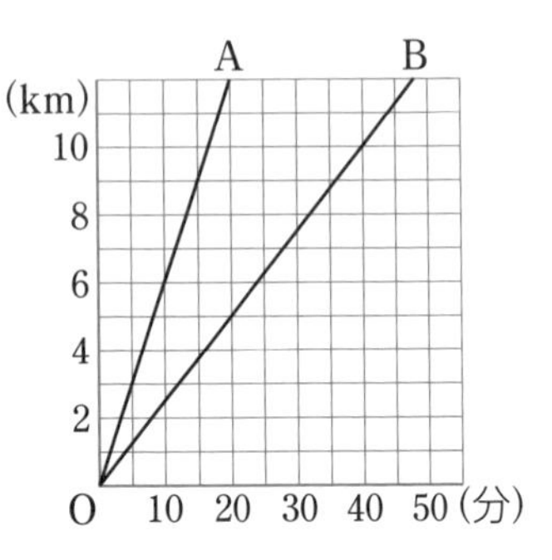

(1) 走った時間を x 分，進んだ道のりを ym として，A について，y を x の式で表しなさい。

(2) B の速さは時速何 km ですか。

(3) 出発してから 1 時間 30 分後の，A の走った道のりと B の走った道のりの差を求めなさい。

2 8m の重さが 120g の針金があります。（15点×2）

(1) この針金 xm の重さを yg として，y を x の式で表しなさい。

(2) この針金でつくったかごの重さは 210g でした。かごをつくるのに使った針金の長さは何 m ですか。

3 毎分 3L の水をくみ上げるポンプを使うと 24 分で空（から）になる水そうがあります。この水そうを 18 分で空にするには，毎分何 L の水をくみ上げるポンプを使えばよいですか。（25点）

比例・反比例の利用 ②

合格点 80点
得 点 　　点
解答 ➡ P.73

1 右の図のように，$y=ax$…① と $y=\dfrac{b}{x}$…② のグラフが点 P，Q で交わっていて，点 P の x 座標は 4，点 Q の y 座標は −6 です。

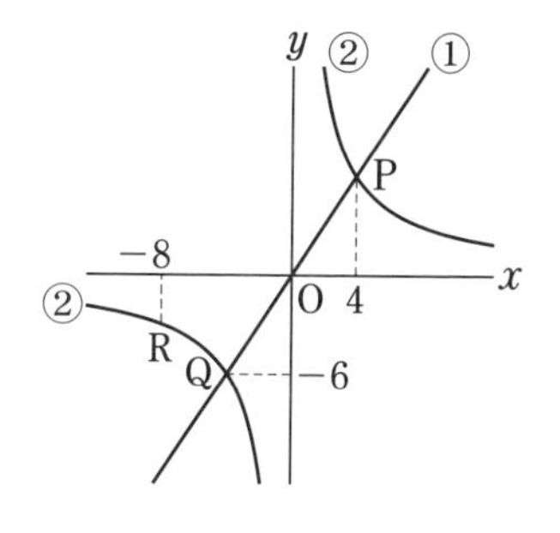

(1) 比例定数 a，b の値をそれぞれ求めなさい。

（10点 × 2）

(2) ②のグラフ上の点 R の x 座標が −8 であるとき，点 R の座標を求めなさい。

（20点）

2 右の図において，①は関数 $y=ax$ ，②は関数 $y=\dfrac{12}{x}$ のグラフです。点 A は①と②のグラフの交点で，その y 座標は 6 です。

（20点 × 3）

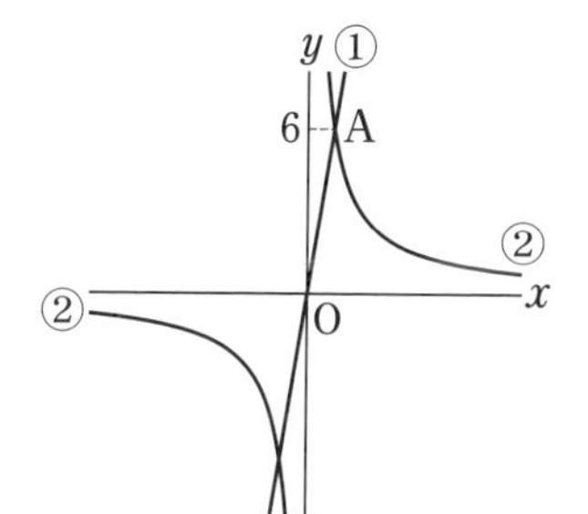

(1) 点 A の座標を求めなさい。

(2) 比例定数 a の値を求めなさい。

(3) ②のグラフ上の点で，x 座標と y 座標がともに整数となる点は全部で何個ありますか。

40 まとめテスト ④

合格点 80点
得点 　点
解答 ➡ P.73

1 次の(1)，(2)について，y を x の式で表しなさい。（10点×2）

(1) y は x に比例し，$x=3$ のとき，$y=8$ である。

(2) y は x に反比例し，$x=-4$ のとき，$y=7$ である。

2 次のグラフの式を答えなさい。（10点×4）

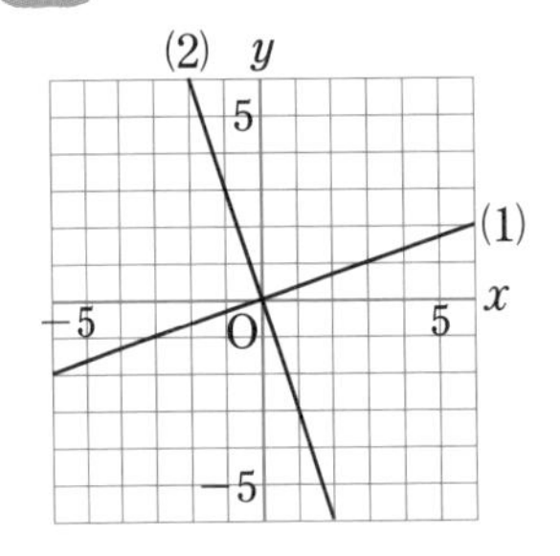

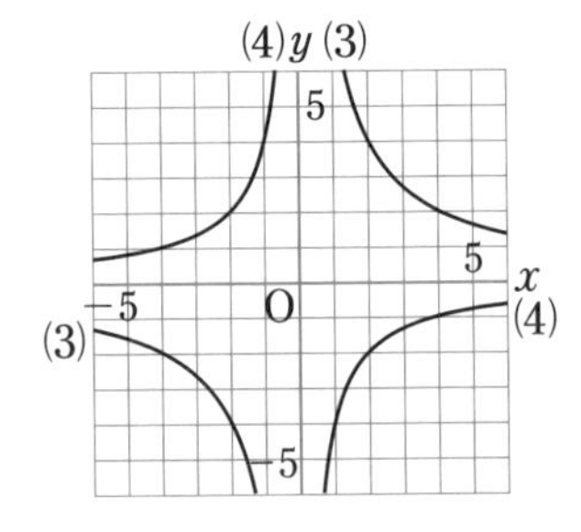

3 右の図のように，$y=\dfrac{3}{2}x$…①，$y=\dfrac{a}{x}$…② のグラフが2点A，Bで交わっています。点Aの x 座標が2であるとき，次の問いに答えなさい。

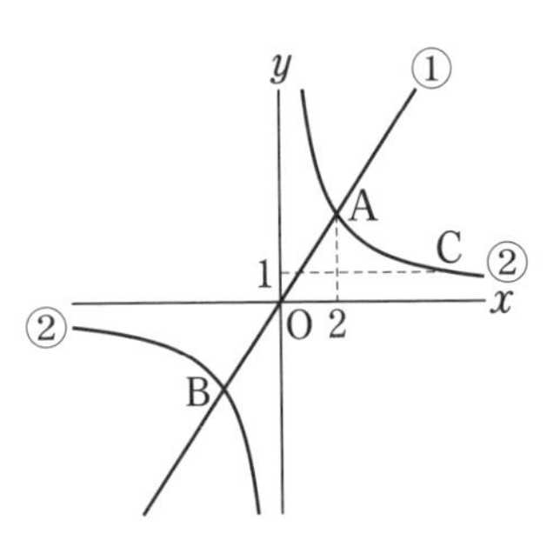

(1) 点Bの座標と a の値を求めなさい。（10点×2）

(2) ②のグラフ上の点Cの y 座標が1であるとき，点Cの座標を求めなさい。（10点）

(3) 三角形OACの面積を求めなさい。（10点）

月　日

直線と角

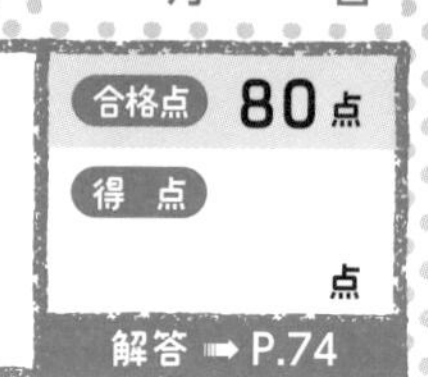

1 右の図のように，一直線上にない4点 A,B,C, D と直線 CD 上に点 E があります。(10点 × 2)

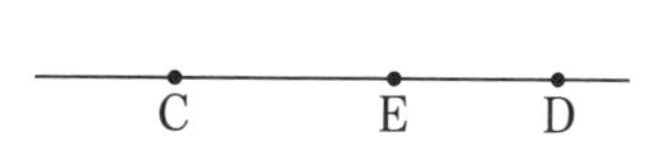

(1) 3点 C, D, E を用いてできる線分をすべて求めなさい。

(2) A, B, C, D, E の5点のうち，2つの点だけを通る直線は何本ひけますか。

2 右の図について，次の問いに答えなさい。

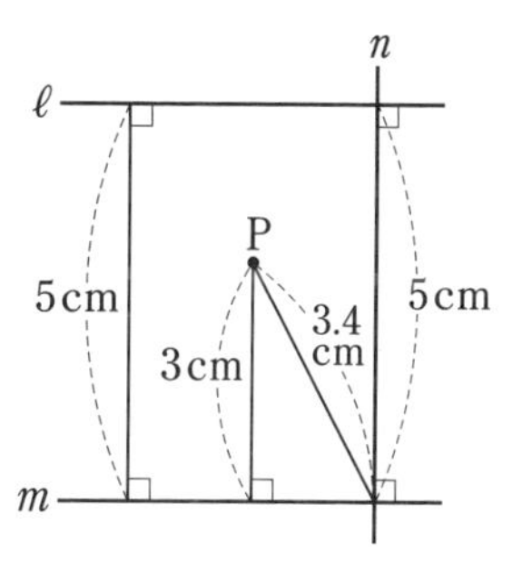

(1) 2直線 ℓ と m の位置関係を，記号を使って表しなさい。また，ℓ と m の距離(きょり)を求めなさい。(10点 × 2)

(2) 2直線 m と n の位置関係を，記号を使って表しなさい。(10点)

(3) 点 P と直線 m の距離を求めなさい。(10点)

3 右の図について，次の問いに答えなさい。(20点 × 2)

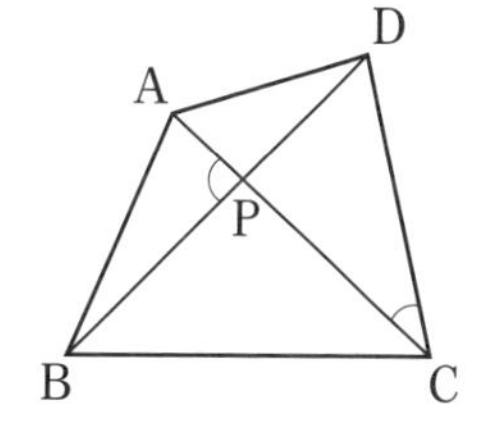

(1) 印のついている2つの角を，記号∠を使って表しなさい。

(2) ∠BPC の頂点と辺をいいなさい。

図形の移動①

合格点 80点
得点　　点
解答 ➡ P.74

1 右の図について，次の問いに答えなさい。

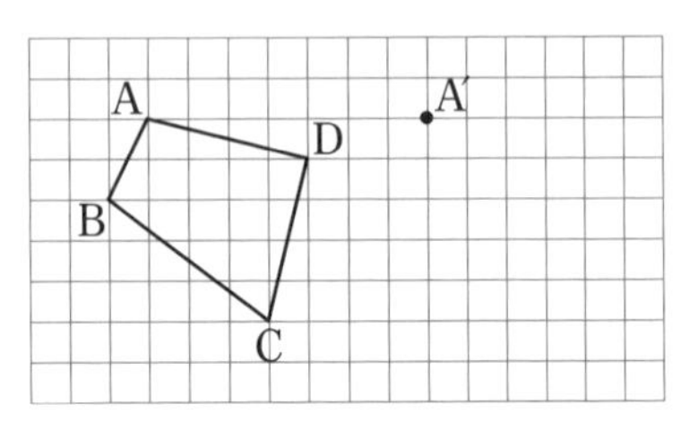

(1) 右の図の四角形ABCDを，頂点AがA′に移るように平行移動してできる四角形A′B′C′D′をかきなさい。（20点）

(2) (1)の結果，ABとA′B′との関係を2つ，それぞれ式に表しなさい。（10点）

2 右の図形を，頂点DがD′に移るように平行移動してできる図形をかきなさい。（20点）

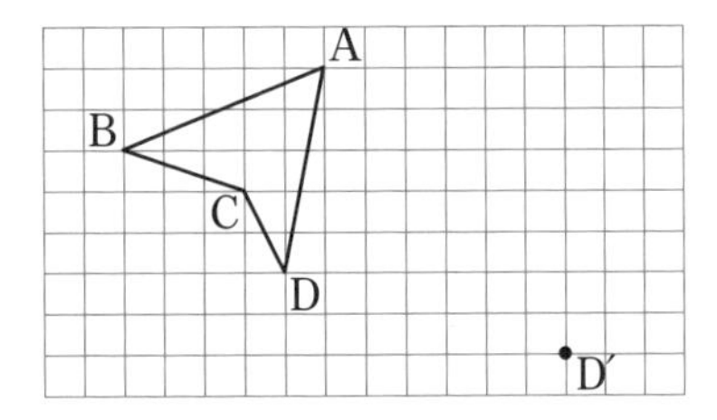

3 図形の対称移動について，次の問いに答えなさい。

(1) 次の①，②の図形を，直線ℓを軸として対称移動してできる図形をかきなさい。このとき，頂点A，B，C，Dを移動してできる頂点を，それぞれ，A′，B′，C′，D′とします。（20点×2）

①

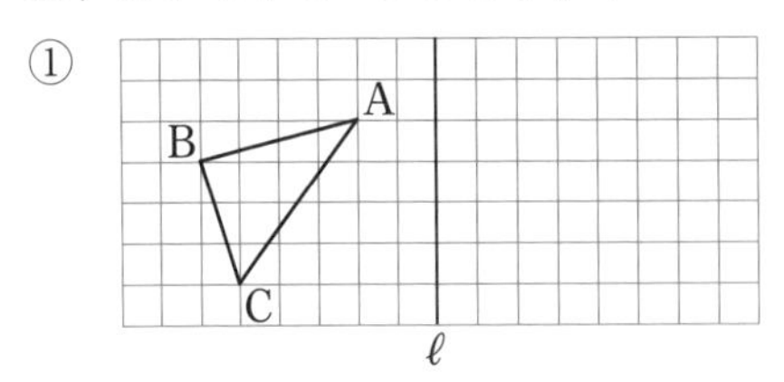

②

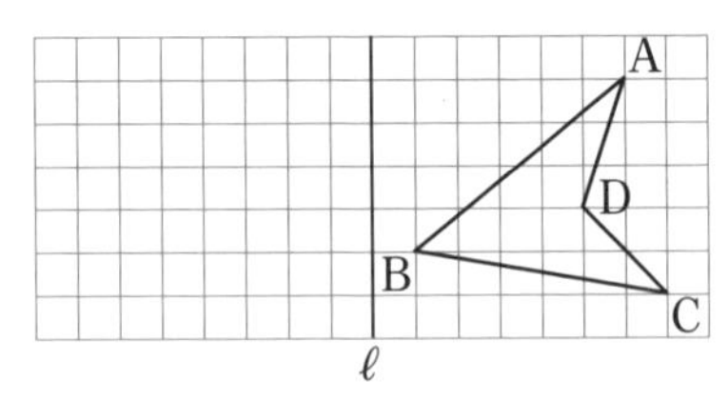

(2) (1)の①で，線分AA′と直線ℓはどのように交わっていますか。また，直線ℓと点A，点A′までの距離はどのような関係にありますか。（10点）

43 図形の移動 ②

合格点 80点
得点　　点
解答 ➡ P.74

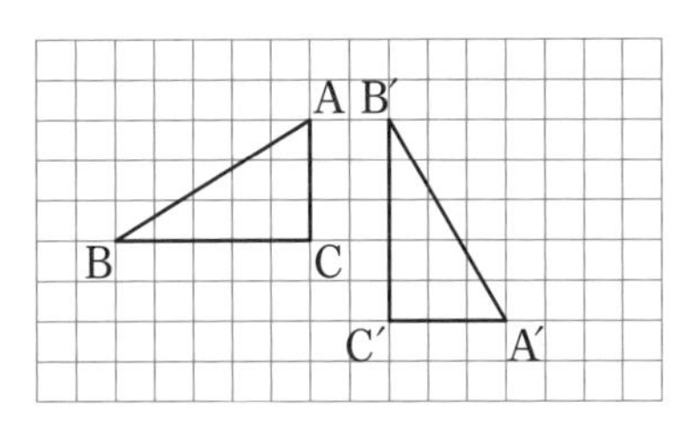

1 右の図について，次の問いに答えなさい。

(1) △ABC を回転移動して△A′B′C′ に移しました。回転の中心 O を図にかきこみなさい。（20点）

(2) △A′B′C′ は，△ABC を点 O を中心に何度回転させたものですか。（15点）

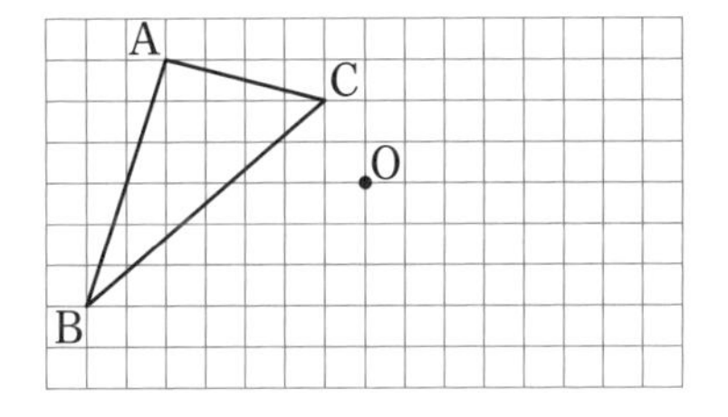

2 右の図の △ABC を，点 O を中心として，180°回転移動してできる △A′B′C′ をかきなさい。（20点）

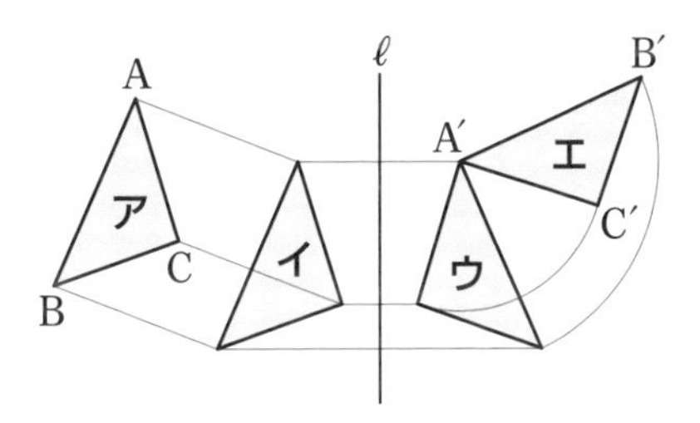

3 右の図は，△ABC を**ア**の位置から**エ**の位置まで移動したところを示しています。（15点×3）

(1) **ア**から**イ**へは，何という移動をしましたか。

(2) **イ**から**ウ**へは，何という移動をしましたか。

(3) **ウ**から**エ**へは，何という移動をしましたか。

直線ℓは対称の軸になっているね。

月　日

基本の作図

1 右の図で，直線ℓ上の点Pを通り，直線ℓに垂直な直線を作図しなさい。（25点）

2 右の図で，直線ℓ上にない点Pを通り，直線ℓに垂直な直線を作図しなさい。（25点）

ℓ

3 右の図の△ABCで，辺BCを底辺とするときの高さをAHとします。AHを作図しなさい。（25点）

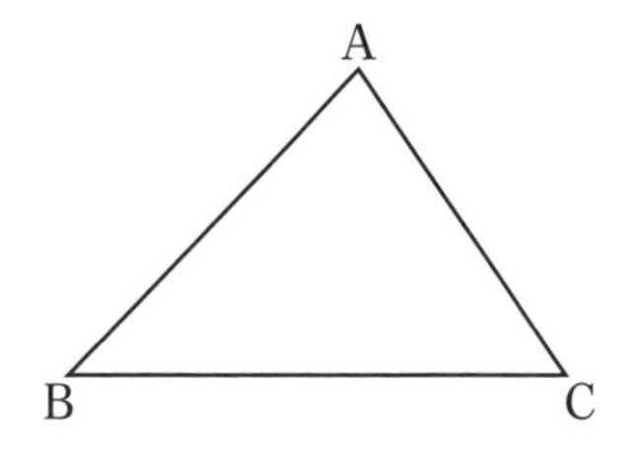

4 右の図で，線分ABの中点をMとします。点Mを作図によって求めなさい。（25点）

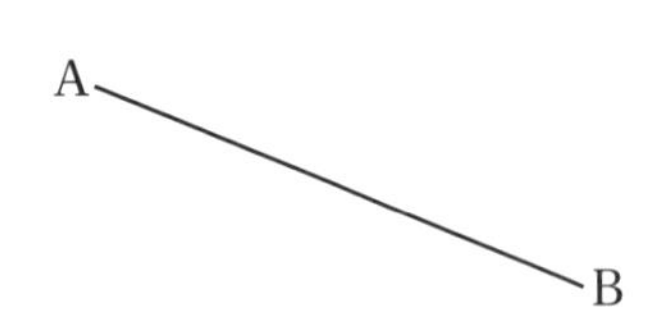

月　日

45 作図の利用

1 右の図で，点 P は円 O の周上の点です。P を通る接線を作図しなさい。（20点）

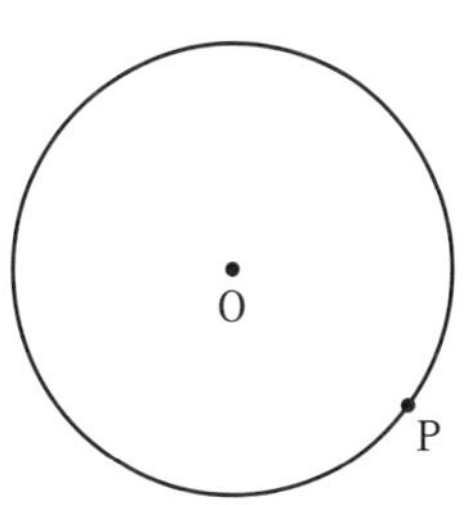
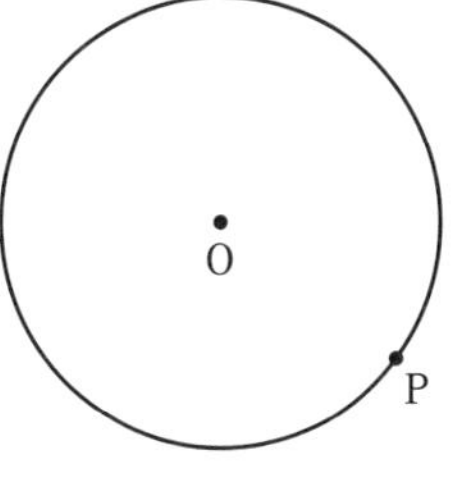

2 右の図のように，3 点 A, B, C があります。この 3 点を通る円をかきなさい。（20点）

A

C

B

3 右の図の線分 AB，CD までの距離（きょり）が等しく，AP=BP となるような点 P を作図して求めなさい。（30点）

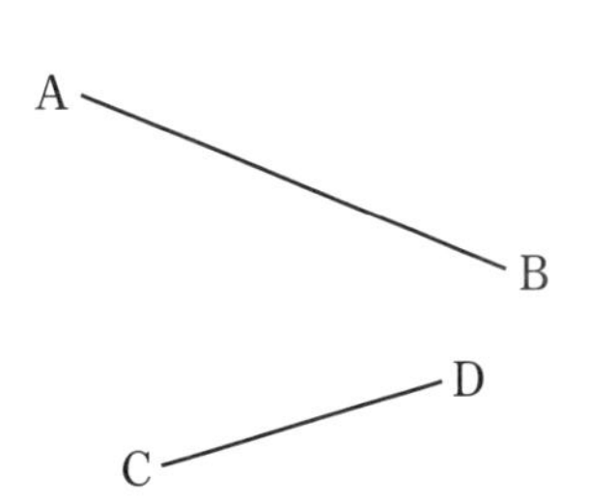

4 右の図を利用して，∠AOB=30° になるように半直線 OB を作図しなさい。（30点）

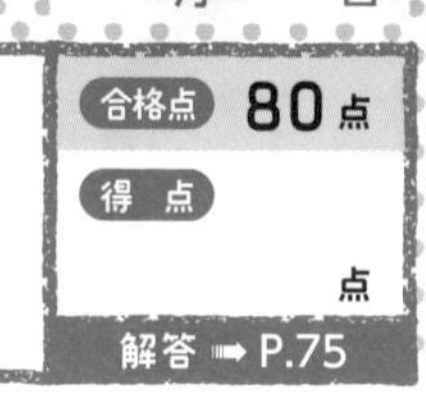

1 次の問いに答えなさい。(12点 × 3)

(1) 半径 3cm で，中心角の大きさが 60° のおうぎ形をかきなさい。

(2) 円の中心を通る弦(げん)を何といいますか。

3cm

(3) 点 O を中心とする円で, AB⊥CD です。このとき, おうぎ形 OAD の中心角は何度ですか。また, 弧(こ) AD の長さは円周の長さの何倍ですか。

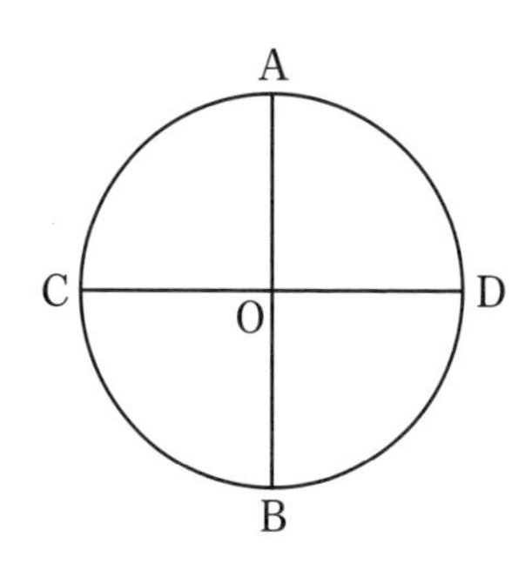

2 次の問いに答えなさい。

(1) 半径 4cm，中心角の大きさが 45° のおうぎ形の，弧の長さと面積をそれぞれ求めなさい。(10点 × 2)

(2) 右の図のおうぎ形の弧の長さと面積をそれぞれ求めなさい。(15点 × 2)

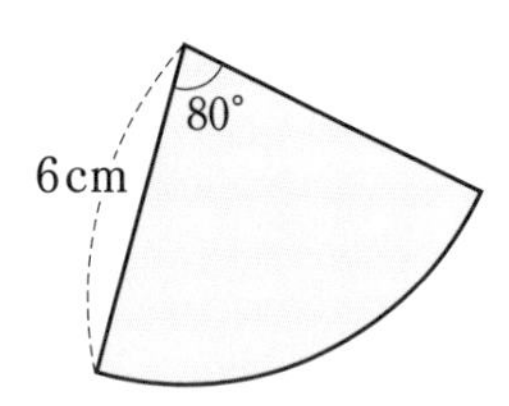

(3) 半径 12cm で，弧の長さが 4π cm のおうぎ形があります。このおうぎ形の中心角を求めなさい。(14点)

おうぎ形の弧の長さと面積

1 次の図で，色のついた部分のまわりの長さと面積をそれぞれ求めなさい。（10点×4）

(1)

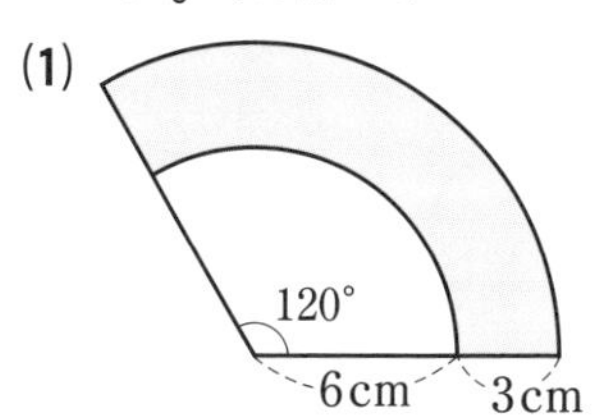

(2)

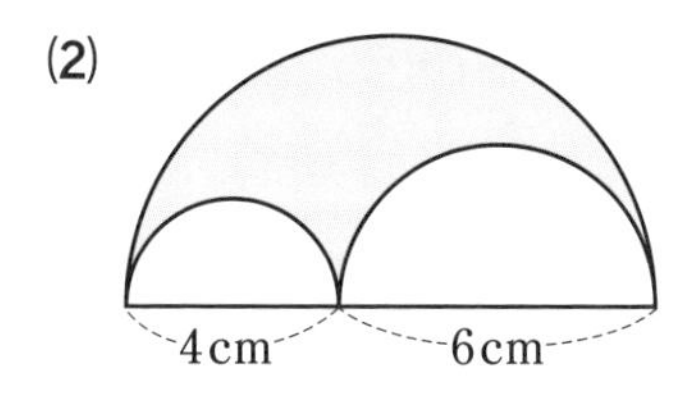

2 次のおうぎ形や正方形を組み合わせた図形で，色のついた部分の面積を求めなさい。（20点×2）

(1)

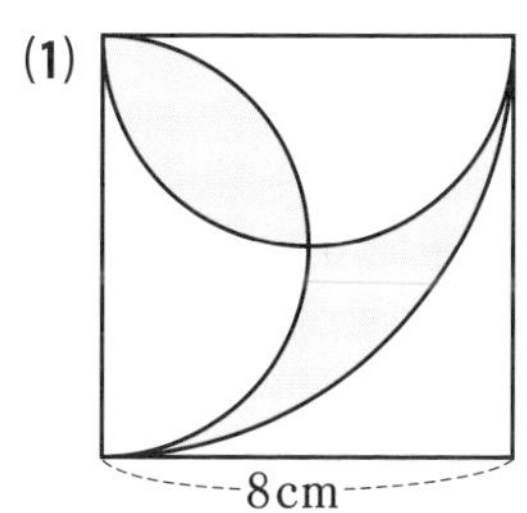

(2)

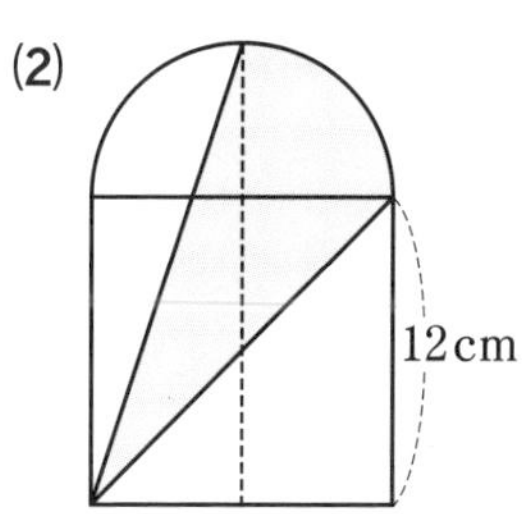

3 直径 3cm の同一の硬貨（こうか）6 枚を，右の図のようにすきまなく並べ，これらの周囲をひとまわり，ひもで結びました。このとき，ひもの長さを求めなさい。ただし，ひもの太さや結び目の長さは考えません。（20点）

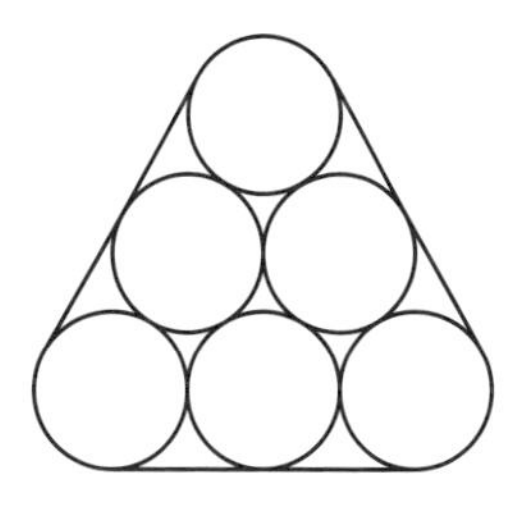

まとめテスト ⑤

合格点 80点

得点　　点

解答 ➡ P.76

1 右の図のひし形 ABCD について，次の問いに答えなさい。(10点×3)

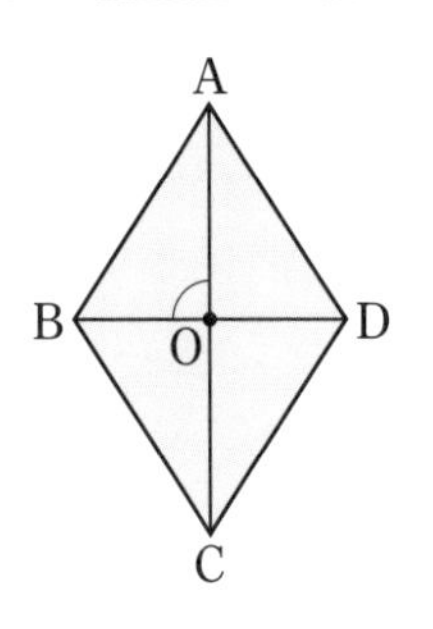

(1) 印のついている角を，記号を使って表しなさい。

(2) 線分 AB と線分 DC の位置関係を，記号を使って表しなさい。

(3) 対角線 AC と BD の位置関係を，記号を使って表しなさい。

2 右の図形を，直線 ℓ を軸として対称移動してできる図形をかきなさい。(20点)

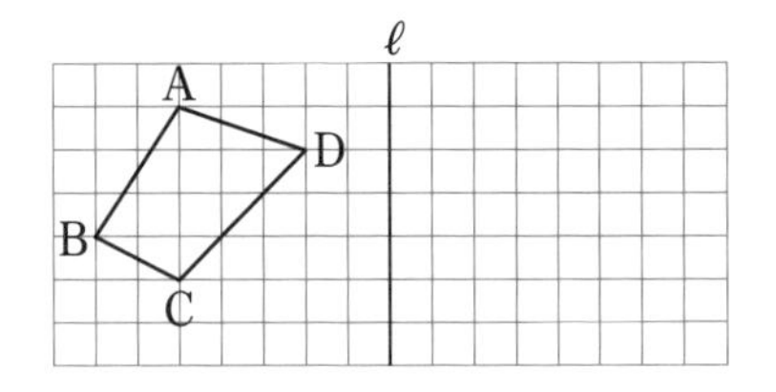

3 右の図の△ABC において，次の問いに答えなさい。(10点×3)

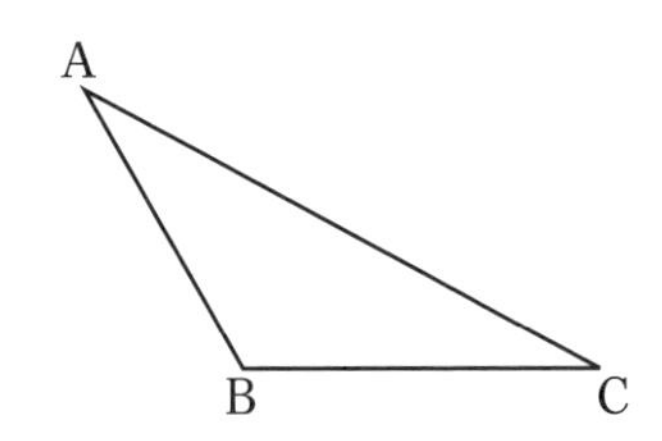

(1) 辺 BC の中点 M を作図しなさい。

(2) ∠ABC の二等分線を作図しなさい。

(3) この三角形で，BC を底辺とするときの高さを AH とします。高さ AH を作図しなさい。

4 右の図で，色のついた部分のまわりの長さと面積をそれぞれ求めなさい。(10点×2)

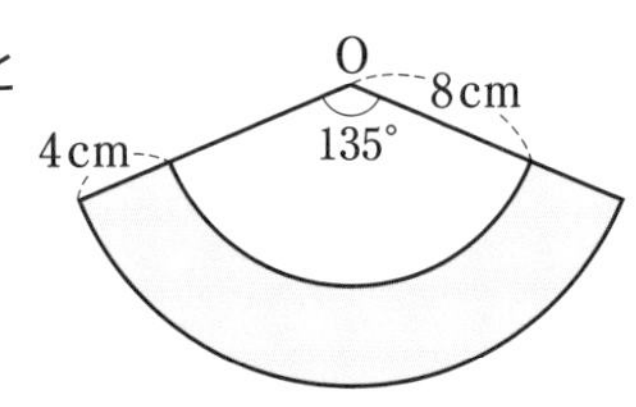

1 右の図の立体について，次の問いに答えなさい。（8点×5）

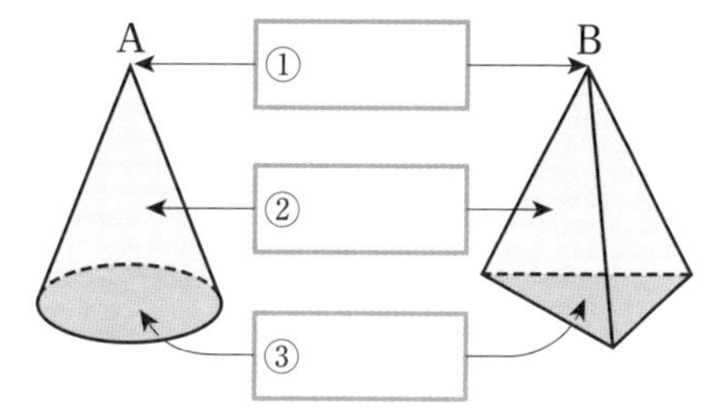

(1) 立体 A，B の名まえをいいなさい。

(2) □の①〜③にあてはまることばを書きなさい。

2 下の表の空らんに，あてはまることばや数を書きなさい。（4点×10）

	面の数	辺の数	頂点の数	底面の形	側面の形
三角柱		9		三角形	
三角錐（すい）	4				
五角柱			10		長方形

3 正四角錐について，次の問いに答えなさい。（5点×4）

(1) 底面はどんな形ですか。

(2) 側面はいくつありますか。また，側面はどんな形ですか。

(3) すべての辺の長さが等しい2つの正四角錐の底面をぴったり合わせると，どんな立体になりますか。

直線や平面の位置関係

合格点 80点

得点 　点

解答 ➡ P.77

1 次の**ア**～**オ**のうち，平面が１つに決まるのはどれですか。（20点）

ア １直線上にある３点をふくむ平面

イ 直線 ℓ と ℓ 上にない１点をふくむ平面

ウ 同じ直線上にない３点をふくむ平面

エ 平行な２直線をふくむ平面

オ 交わる２直線をふくむ平面

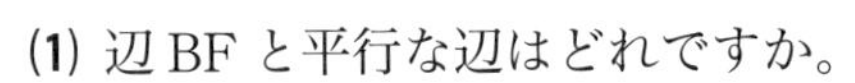

2 右の図の直方体について，次の問いに答えなさい。（15点×4）

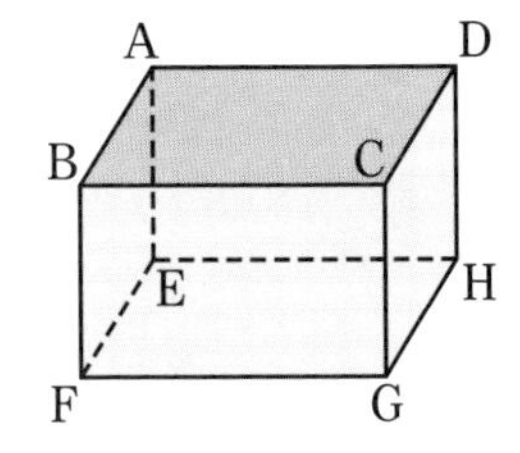

(1) 辺 BF と平行な辺はどれですか。

(2) 辺 BF と平行な面はどれですか。

(3) 辺 BF と垂直に交わる辺はどれですか。

(4) 辺 BF とねじれの位置にある辺はどれですか。

3 次の文は，右の図の三角柱で辺 AD は底面 DEF に垂直であることの説明です。□にあてはまることばや数や記号を入れなさい。（5点×4）

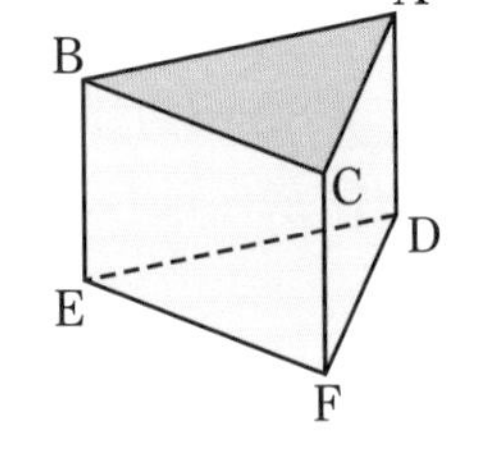

三角柱の側面は□であるから，

$\angle ADF = \angle ADE =$ □°

すなわち，AD□DF，AD□DE

よって，辺 AD は面 DEF 上の平行でない２つの直線に垂直だから，面 DEF に垂直である。

51 立体の展開図と投影図

月　日

合格点 80点
得点 　点

解答 ➡ P.77

1 次の立体の展開図をかきなさい。（20点×2）

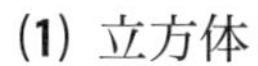

(1) 立方体

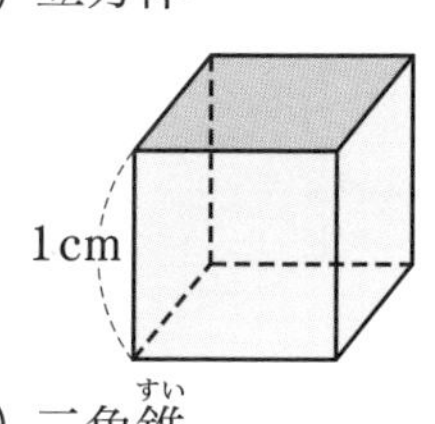

(2) 三角錐（すい）

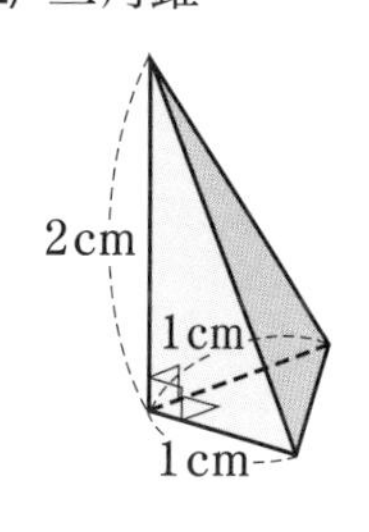

1cm
1cm

2 次の投影図（とうえいず）で表される立体は何か答えなさい。（15点×3）

(1)

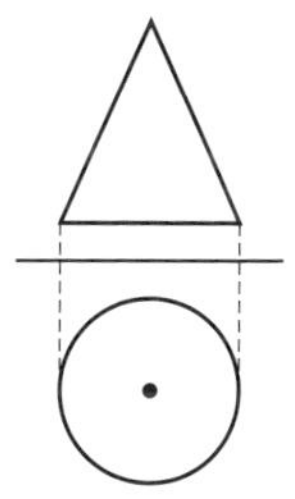

(2)

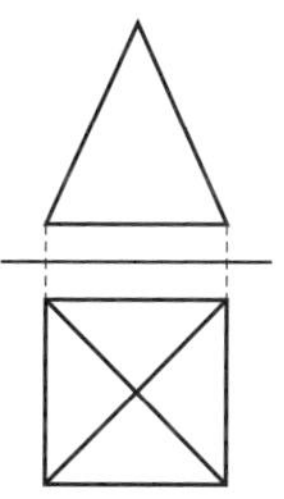

(3)

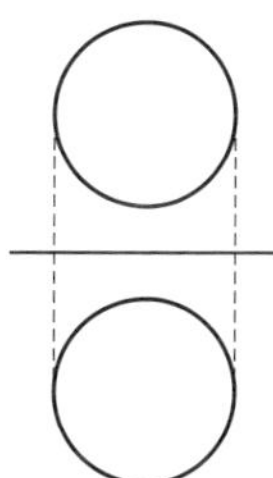

3 右の投影図で表される立体は，次の**ア**～**カ**のどれといえますか。すべて答えなさい。（15点）

ア 立方体　　**イ** 正四角柱　　**ウ** 四角錐
エ 五角錐　　**オ** 円柱　　**カ** 球

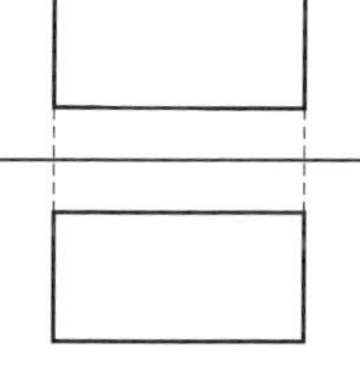

立体の表面積と体積 ①

合格点 80点
得点 　点
解答 ➡ P.77

1 右の図の円柱について，次の問いに答えなさい。

(12点 × 3)

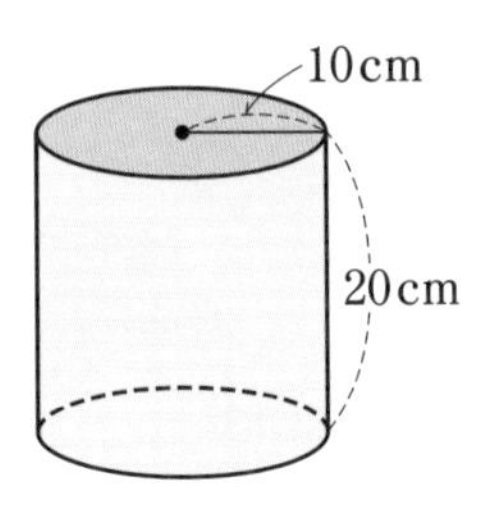

(1) 側面積を求めなさい。

(2) 表面積を求めなさい。

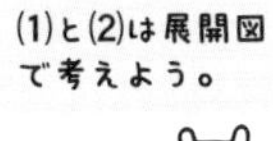

(3) 体積を求めなさい。

2 次の立体の表面積と体積をそれぞれ求めなさい。(16点 × 4)

(1)

13cm
5cm
12cm
15cm

(2)

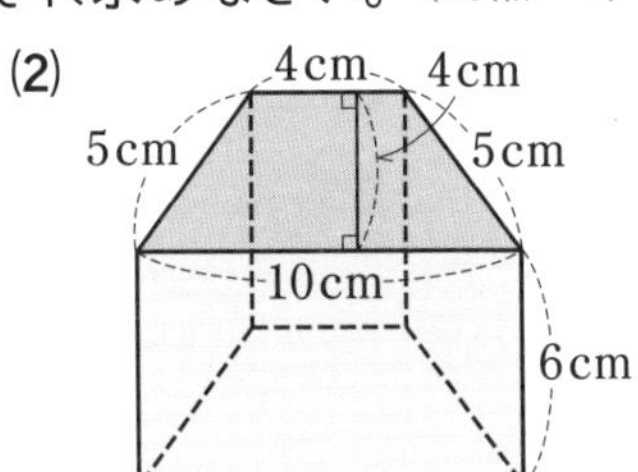

立体の表面積と体積 ②

合格点 80点
得点　　点
解答 ➡ P.78

1 次の角錐(かくすい)の体積，表面積を求めなさい。（20点×2）

(1) 三角錐の体積

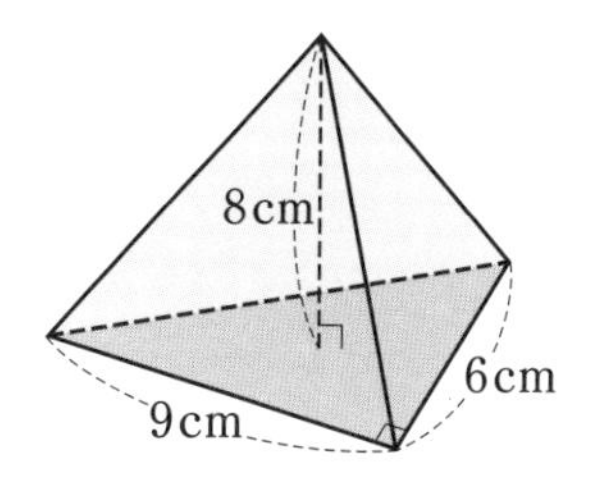

(2) 正四角錐の表面積

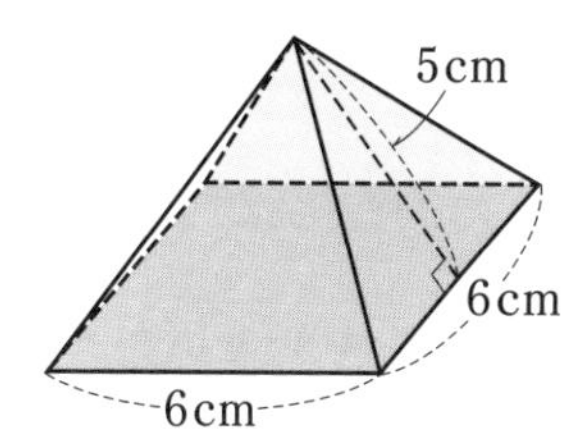

2 右の図のように，1辺が8cmの立方体から一部を切り取ってできた立体の体積を求めなさい。（30点）

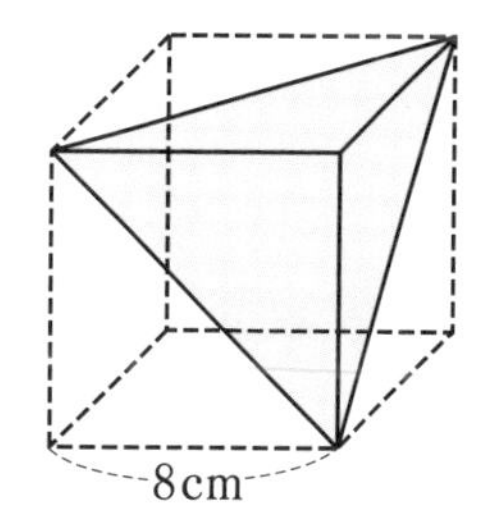

3 右の図のように，正四角錐の上部を，底面に平行な平面で切り取りました。残った立体の体積を求めなさい。（30点）

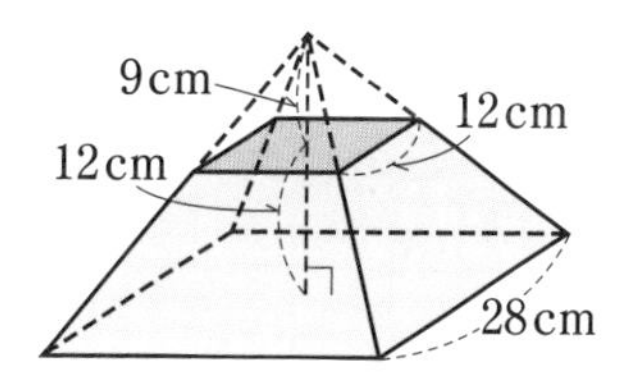

立体の表面積と体積 ③

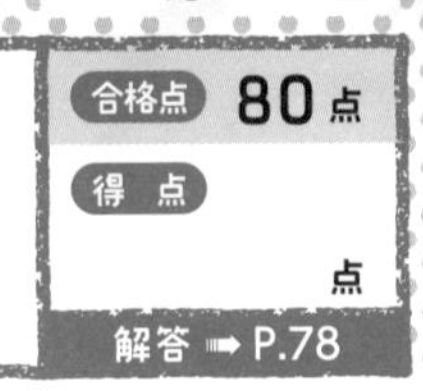

1 右の円錐(すい)の側面の展開図のおうぎ形の中心角と側面積をそれぞれ求めなさい。（10点 × 2）

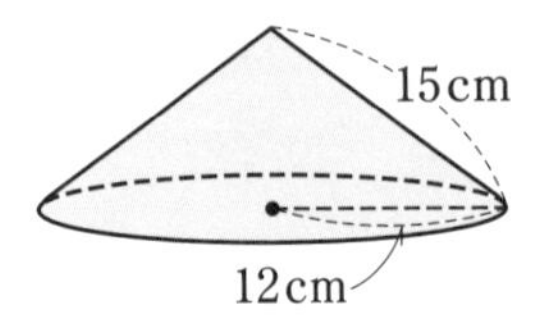

2 次の円錐の体積を求めなさい。（15点 × 2）

(1)

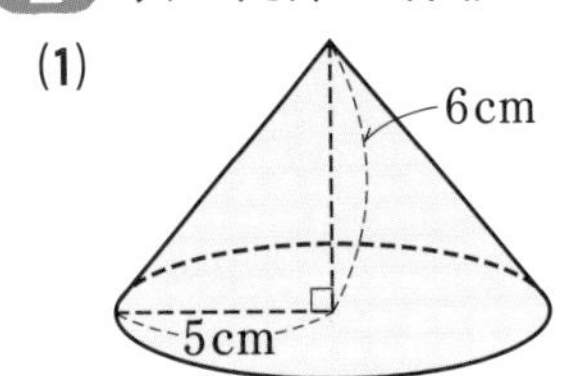

(2)

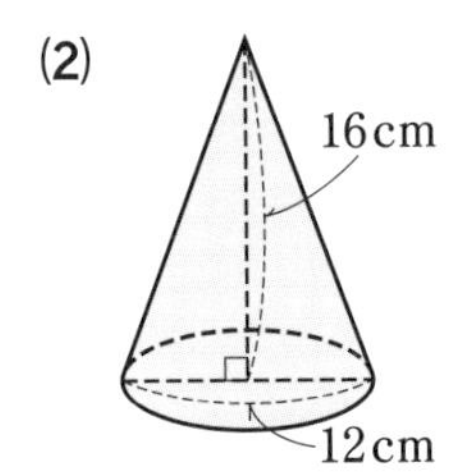

3 展開図が右の図のようになる立体の表面積を求めなさい。（20点）

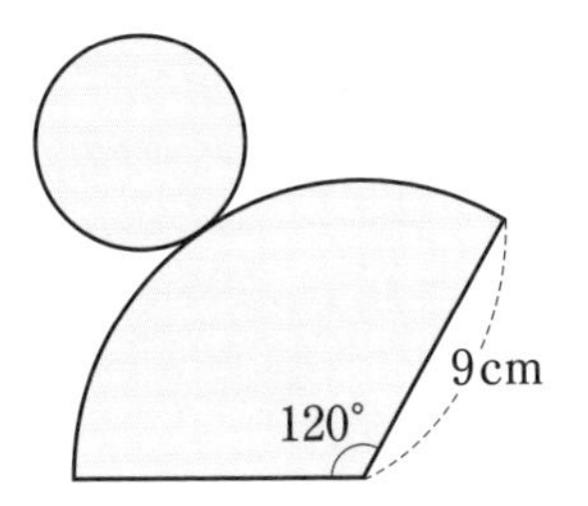

4 右の円錐の表面積と体積をそれぞれ求めなさい。（15点 × 2）

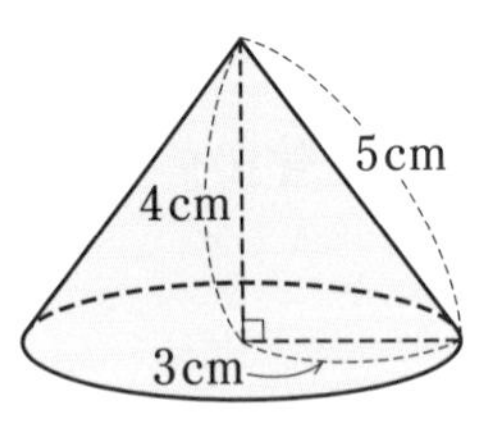

立体の表面積と体積 ④

合格点 80点

得点　　点

解答 ➡ P.78

1 右の図の球について，次の問いに答えなさい。

(10点 × 2)

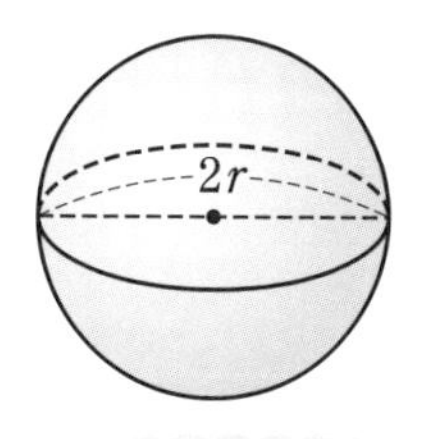

(1) この球の表面積 S を求める式を書きなさい。

(2) この球の体積 V を求める式を書きなさい。

2 次の球の表面積と体積をそれぞれ求めなさい。(10点 × 4)

(1)

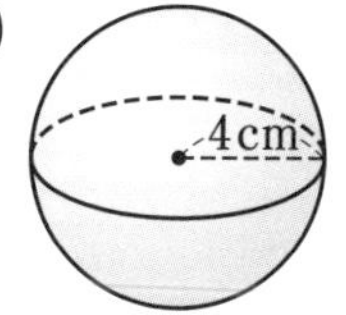

(2)

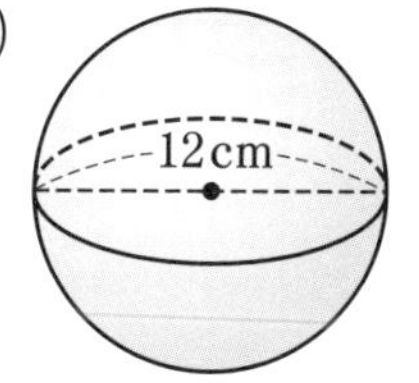

3 右の図のように，球と，球がちょうど入る円柱があります。(10点 × 4)

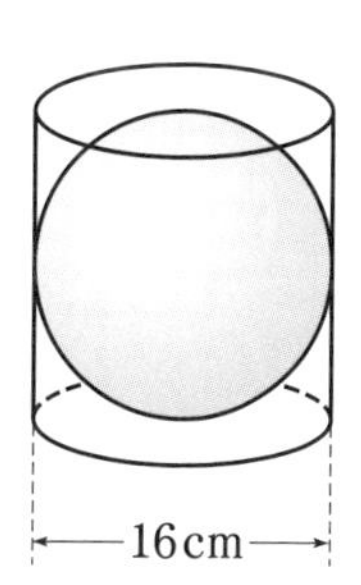

(1) この球と円柱の体積をそれぞれ求めなさい。

(2) この球と円柱の表面積をそれぞれ求めなさい。

立体の表面積と体積 ⑤

1 次の図形を，それぞれ直線 ℓ を軸として 1 回転させると，どんな立体ができますか。（8点×2）

(1)

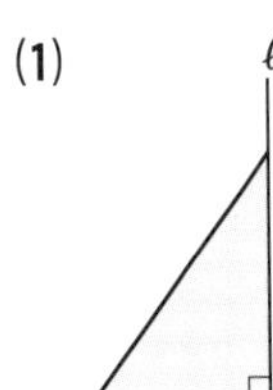

(2)

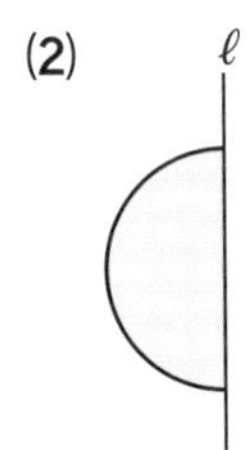

2 右の図の直角三角形 ABC を，1 つの辺を軸として 1 回転させてできる立体について，次の体積を求めなさい。（14点×2）

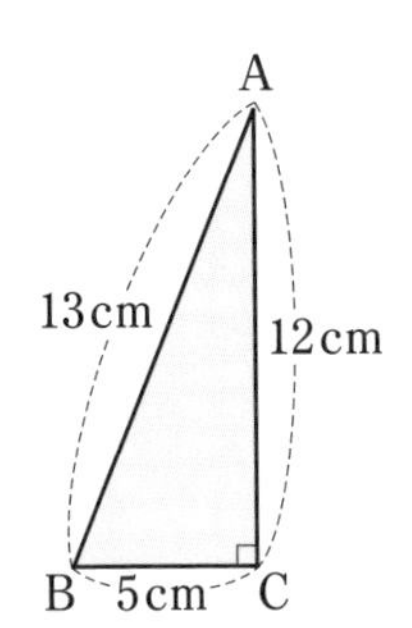

(1) 辺 AC を軸としたときにできる立体

(2) 辺 BC を軸としたときにできる立体

3 次の図形を，直線 ℓ を軸として 1 回転させたときにできる立体の表面積と体積をそれぞれ求めなさい。（14点×4）

(1)

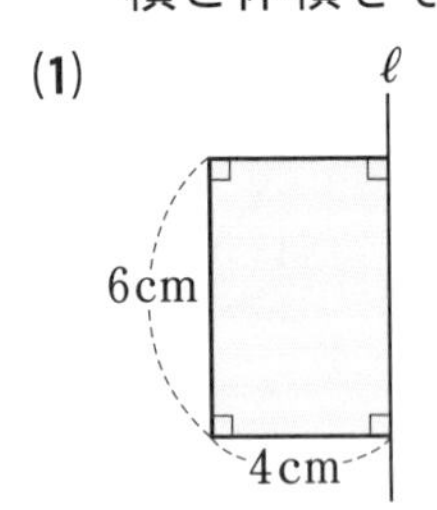

(2)

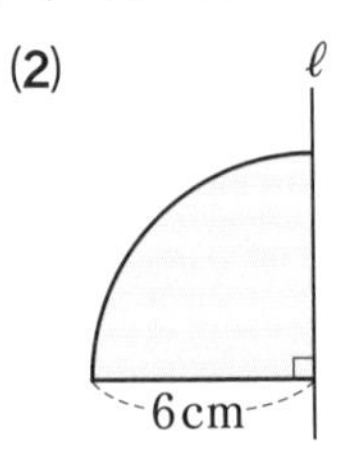

まとめテスト ⑥

合格点 80点
得点　　点
解答 ➡ P.79

1 右の図のような，底面が直角三角形の三角柱があります。（12点×3）

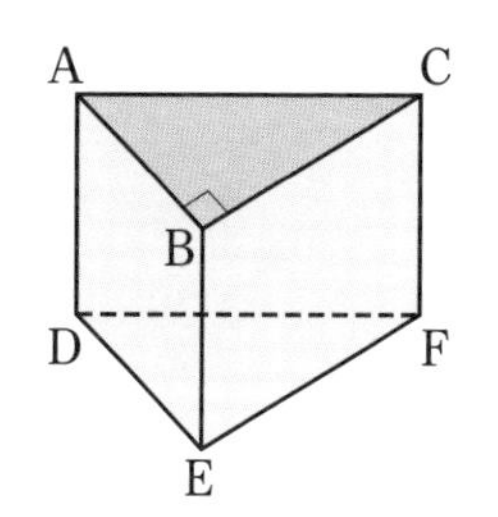

(1) 辺 AD と平行な辺をすべていいなさい。

(2) 面 ADEB と垂直な面をすべていいなさい。

(3) 辺 AB とねじれの位置にある辺をすべていいなさい。

2 次のア～エの中で，2 直線 ℓ, m が平行であるのはどれですか。（12点）

ア 1つの平面に垂直な 2 直線 ℓ，m

イ 1つの平面に平行な 2 直線 ℓ，m

ウ 1つの直線に垂直な 2 直線 ℓ，m

エ 1つの直線に平行な 2 直線 ℓ，m

3 次の図形を，直線 ℓ を軸（じく）として 1 回転させてできる立体の表面積と体積をそれぞれ求めなさい。（13点×4）

(1)

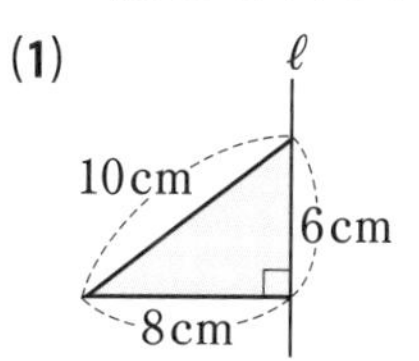

(2)

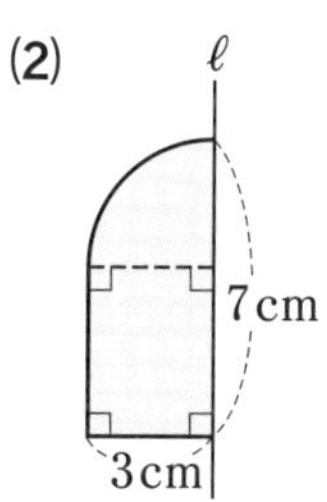

58 度数分布表

1 下の表は，あるクラスの女子 20 人の走り幅とびの記録(単位 m)です。

3.31	3.69	3.47	3.50	3.98	3.03	2.95	3.74	3.85	3.41
3.20	3.43	3.34	3.08	3.82	2.86	3.53	3.13	3.75	3.37

(1) 3.50m の人は，右の度数分布表(どすうぶんぷひょう)でどの階級(かいきゅう)に入りますか。(10点)

(2) 右の度数分布表を完成させなさい。(20点)

記録(m)	度数(人)
以上 未満 2.75 ～ 3.00	
3.00 ～ 3.25	
3.25 ～ 3.50	
3.50 ～ 3.75	
3.75 ～ 4.00	
計	

(人)
10 9 8 7 6 5 4 3 2 1 0
2.75 3.00 3.25 3.50 3.75 4.00 (m)

(3) (2)でつくった度数分布表を，右上のヒストグラムに表しなさい。(20点)

(4) (2)の度数分布表をもとに，右の表で，相対度数と累積(るいせき)度数の分布表を完成させなさい。(15点×2)

(5) (2)の度数分布表から最頻値(さいひんち)を求めなさい。(10点)

(6) 走り幅とびの記録が 3.50m 以上の人の割合を求めなさい。(10点)

記録(m)	相対度数	累積度数
以上 未満 2.75 ～ 3.00	0.1	
3.00 ～ 3.25		
3.25 ～ 3.50		
3.50 ～ 3.75		
3.75 ～ 4.00		20
計		

59 統計的確率

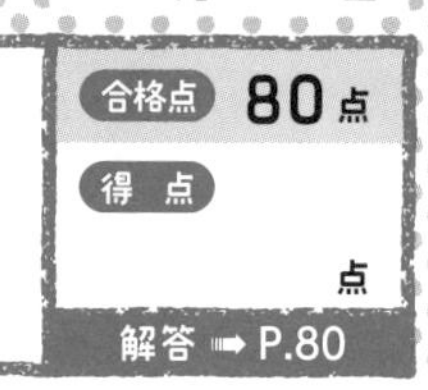

1 下の表は，実際にさいころを投げて，1の目が出た回数を調べたものです。

投げた回数(回)	50	100	200	300	400	500	600
1の目が出た回数(回)	5	14	30	45	64	82	93
1の目が出る相対度数	0.10	0.14	0.15	0.15			

700	800	900	1000	1100	1200	1300	1400	1500
108	123	137	153	171	190	219	238	256

(1) 上の表の空らんにあてはまる数を，四捨五入で小数第2位まで求めて，表を完成させなさい。(4点×12)

(2) この実験から，1の目が出る相対度数を折れ線グラフにかきなさい。(20点)

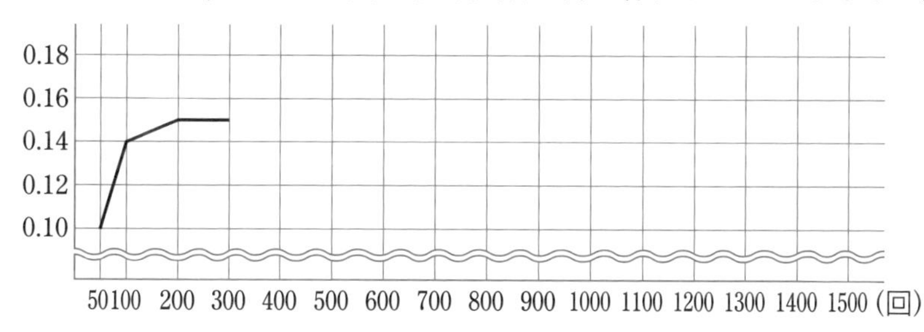

(3) この実験から，1の目が出る統計的確率はいくらになると考えられますか。

(16点)

2 100円硬貨（こうか）を多数回投げる実験をするとき，表が出る相対度数は，どんな値に近づくと考えられますか。(16点)

1 右の表は，20人の生徒のハンドボール投げの記録(m)です。(15点×4)

23	17	26	21	33	15	24
28	20	13	27	23	18	21
32	22	16	24	18	29	

(1) 右下の度数分布表(どすうぶんぷひょう)を完成させなさい。

(2) (1)でつくった度数分布表を，右のヒストグラムに表しなさい。

(3) 階級が15m以上20m未満の相対度数を求めなさい。

記録(m)	度数(人)
以上　未満 10 ～ 15	
15 ～ 20	
20 ～ 25	
25 ～ 30	
30 ～ 35	
計	

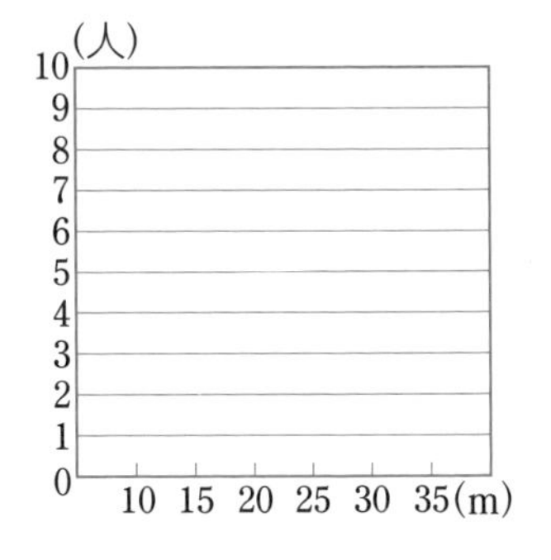

(4) ハンドボール投げの記録が25m以上の生徒は，全体の何%になりますか。

2 下の表は，実際にさいころを投げて，偶数(ぐうすう)の目が出た回数を調べたものです。

投げた回数(回)	50	100	200	300	400	500	1000
偶数の目が出た回数(回)	21	41	95	157	210	259	502
偶数の目が出る相対度数	0.42						

(1) 上の表の空らんにあてはまる数を，四捨五入で小数第2位まで求めて，表を完成させなさい。(5点×6)

(2) この実験から，偶数の目が出る統計的確率はいくらになると考えられますか。(10点)

解答編

数学1年

▶正の数・負の数

1 正の数・負の数 ①

❶ (1) $-6,\ -\frac{2}{3},\ -10$
(2) $-6,\ 3,\ 0,\ -10,\ +8$

❷ (1) $+7$ (2) -4 (3) -5℃
(4) $+3.5$℃

❸ (1) -200円 (2) $-1.5,\ +3.5$
(3) 2時間前 (4) 南に25m

解き方 考え方

❶ (1) 0より小さい数を負の数といい，－の符号がついている。
(2) 0も整数である。

❷ (3)・(4) 0℃を基準にして，それより高い温度に＋，低い温度に－の符号をつけて表す。

❸ 負の数は正の数と反対の性質を表す。
(1)「支出」は「収入」の反対の性質をもつから，負の数で表す。
(2) 37.5kgを基準にして，すなわち0としていることから考える。
(3)「後」の反対は「前」になる。

2 正の数・負の数 ②

❶ ①-2.5 ②$+3$

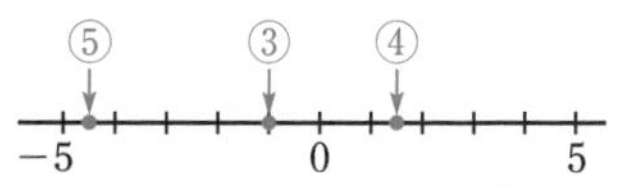

❷ (1) 3 (2) 8 (3) 0.5 (4) $6\frac{1}{3}$

❸ (1) $+5.2,\ -5.2$
(2) $-6,\ -5,\ -4,\ -3,$
$+3,\ +4,\ +5,\ +6$

❹ (1) $+2>-3$
(2) $-1.01>-1.1$
(3) $-8<0<+3$
(4) $-3.2<-2.3<3$
(5) $-\frac{1}{2}<-\frac{1}{4}<\frac{1}{3}$
(6) $-\frac{3}{4}<-\frac{2}{3}<-\frac{1}{2}$

解き方 考え方

❷ それぞれの数から，＋，－の符号を取り去った数を考える。

❸ 絶対値は数直線上で0からの距離を表しているので，数直線で考えるとよい。

❹ 正の数は，絶対値が大きいほど大きい。負の数は，絶対数が大きいほど小さい。
(6) $-\frac{2}{3}=-\frac{8}{12}$， $-\frac{3}{4}=-\frac{9}{12}$，
$-\frac{1}{2}=-\frac{6}{12}$
$\frac{9}{12}>\frac{8}{12}>\frac{6}{12}$より， $-\frac{9}{12}<-\frac{8}{12}<-\frac{6}{12}$

3 正の数・負の数の加法

❶ (1) -14 (2) $+40$ (3) 0 (4) -15

❷ (1) $+1.7$ (2) -10.1 (3) $-\frac{1}{2}$
(4) $-\frac{4}{15}$

❸ (1) -7 (2) -31

解き方 考え方

❶ (3) 絶対値が等しい異符号の2数の和は0である。
(4) 異符号の2数の和は，絶対値の大きいほうから小さいほうをひき，絶対値の大きいほうの符号をつける。
$(-32)+(+17)=-(32-17)=-15$

❷ 小数や分数であっても，整数のときと同じように考えて計算する。

(1) $(+8.2)+(-6.5)=+(8.2-6.5)=+1.7$

(4) $\left(+\frac{1}{3}\right)+\left(-\frac{3}{5}\right)=-\left(\frac{3}{5}-\frac{1}{3}\right)$

$=-\left(\frac{9}{15}-\frac{5}{15}\right)=-\frac{4}{15}$

❸ **交換法則**や**結合法則**を使って，正の数どうし，負の数どうしの和をそれぞれ求めてから計算する。

(1) $(+3)+(-7)+(+6)+(-9)$

$=(+3)+(+6)+(-7)+(-9)$

$=\{(+3)+(+6)\}+\{(-7)+(-9)\}$

$=(+9)+(-16)$

$=-7$

4 正の数・負の数の減法

❶ (1) -4　(2) -14　(3) $+4$　(4) 0
(5) -66　(6) $+48$

❷ (1) -2.8　(2) -3.9　(3) -15.2
(4) $+1$　(5) $-\frac{11}{12}$　(6) $+\frac{11}{24}$

解き方考え方

❶ ひく数の符号（ふごう）を変えて加える。

(1) $(+3)-(+7)=(+3)+(-7)$

$=-4$

(5) $(-78)-(-12)=(-78)+(+12)$

$=-66$

❷ 整数のときと同じように考えて計算する。

(1) $(-4.5)-(-1.7)=(-4.5)+(+1.7)$

$=-(4.5-1.7)=-2.8$

(2) $(+2.9)-(+6.8)=(+2.9)+(-6.8)$

$=-(6.8-2.9)=-3.9$

(5) $\left(-\frac{2}{3}\right)-\left(+\frac{1}{4}\right)=\left(-\frac{2}{3}\right)+\left(-\frac{1}{4}\right)$

$=-\left(\frac{8}{12}+\frac{3}{12}\right)=-\frac{11}{12}$

(6) $\left(-\frac{3}{8}\right)-\left(-\frac{5}{6}\right)$

$=\left(-\frac{3}{8}\right)+\left(+\frac{5}{6}\right)$

$=+\left(\frac{5}{6}-\frac{3}{8}\right)$

$=+\left(\frac{20}{24}-\frac{9}{24}\right)$

$=+\frac{11}{24}$

5 正の数・負の数の加減

❶ (1) $-6,\ 8,\ -9$
(2) $3,\ -8,\ 2,\ -7$

❷ (1) -14　(2) -2　(3) 1　(4) -33
(5) 5　(6) 0

❸ (1) 4.3　(2) -15.7　(3) -1　(4) $\frac{17}{12}$

解き方考え方

❷ 正の数どうし，負の数どうしの和をそれぞれ求めて計算する。

(1) $-9+2-13+6$

$=2+6-9-13$

$=8-22=-14$

(4) $-21-9+(-7)+4=-21-9-7+4$

$=4-21-9-7$

$=4-37=-33$

(6) $8+0-(-19)-12+(-15)$

$=8+19-12-15$

$=27-27=0$

❸ 整数のときと同じように考えて計算する。

(2) $-9.3-(-1.5)+(-2.3)-5.6$

$=-9.3+1.5-2.3-5.6$

$=1.5-9.3-2.3-5.6$

$=1.5-17.2=-15.7$

(4) $2-\frac{3}{4}-\left(-\frac{5}{6}\right)+\left(-\frac{2}{3}\right)$

$=2-\frac{3}{4}+\frac{5}{6}-\frac{2}{3}$

$=\frac{24}{12}-\frac{9}{12}+\frac{10}{12}-\frac{8}{12}$

$=\frac{24}{12}+\frac{10}{12}-\frac{9}{12}-\frac{8}{12}$

$=\frac{34}{12}-\frac{17}{12}=\frac{17}{12}$

6 正の数・負の数の乗法

❶ (1) 48 (2) -72 (3) -45 (4) 0

❷ (1) -14 (2) $\frac{5}{8}$ (3) 60 (4) -96

(5) 3 (6) $-\frac{1}{9}$

❸ (1) -8 (2) -36

解き方 考え方

❶ $(+)\times(+)\to(+)$，$(-)\times(-)\to(+)$，
$(+)\times(-)\to(-)$，$(-)\times(+)\to(-)$

(1) $(-8)\times(-6)=+(8\times6)=+48=48$

(3) $(+15)\times(-3)=-(15\times3)=-45$

❷ 符号（負の数が奇数(きすう)個→－　負の数が偶数(ぐうすう)個→＋）を決めてから，絶対値の値を計算する。

(3) $4\times(-3)\times(-5)=+(4\times3\times5)$
$=60$

(4) $(-2)\times(-8)\times(-6)=-(2\times8\times6)$
$=-96$

(6) $\left(-\frac{8}{15}\right)\times\left(-\frac{7}{12}\right)\times\left(-\frac{5}{14}\right)$

$=-\frac{\overset{1}{\cancel{4}}\cancel{8}\times\overset{1}{\cancel{7}}\times\overset{1}{\cancel{5}}}{\underset{3}{\cancel{15}}\times\underset{3}{\cancel{12}}\times\underset{1}{\cancel{14}}\cancel{2}}=-\frac{1}{9}$

❸ (1) $-2^3=-(2\times2\times2)=-8$

(2) $(-4)\times(-3)^2=(-4)\times(-3)\times(-3)$
$=-(4\times3\times3)=-36$

7 正の数・負の数の除法

❶ (1) 7 (2) -5 (3) -6 (4) 0

❷ (1) $\frac{1}{8}$ (2) $-\frac{7}{5}$ (3) $\frac{2}{5}$

❸ (1) -0.3 (2) 7.8

❹ (1) $-\frac{3}{7}$ (2) -24 (3) $\frac{3}{4}$ (4) $-\frac{1}{3}$

解き方 考え方

❶ $(+)\div(+)\to(+)$，$(-)\div(-)\to(+)$，
$(+)\div(-)\to(-)$，$(-)\div(+)\to(-)$

(1) $(-28)\div(-4)=+(28\div4)=+7=7$

(3) $(-54)\div9=-(54\div9)=-6$

❷ 2つの数の積が1であるとき，一方の数を他方の数の**逆数**という。

(3) $1\div2.5=1\div\frac{5}{2}=\frac{2}{5}$

❸ (1) $2.7\div(-9)=-(2.7\div9)=-0.3$

❹ わる数の逆数をかける。

(4) $\left(-\frac{5}{12}\right)\div\left(-\frac{3}{8}\right)\div\left(-\frac{10}{3}\right)$

$=\left(-\frac{5}{12}\right)\times\left(-\frac{8}{3}\right)\times\left(-\frac{3}{10}\right)$

$=-\frac{\overset{1}{\cancel{5}}\times\overset{1}{\cancel{2}}\cancel{8}\times\overset{1}{\cancel{3}}}{\underset{3}{\cancel{12}}\times\underset{1}{\cancel{3}}\times\underset{1}{\cancel{10}}\cancel{2}}=-\frac{1}{3}$

8 正の数・負の数の乗除

❶ (1) 6 (2) 3 (3) -8 (4) -12

(5) $\frac{1}{18}$ (6) $\frac{2}{15}$ (7) 2 (8) $-\frac{3}{2}$

❷ $\frac{6}{5}$

解き方 考え方

❶ 乗法だけの式になおして，積の符号(ふごう)を決める。

(2) $6\div\left(-\frac{8}{5}\right)\times\left(-\frac{4}{5}\right)=6\times\left(-\frac{5}{8}\right)\times\left(-\frac{4}{5}\right)$

$=+\frac{\overset{3}{\cancel{6}}\times\overset{1}{\cancel{5}}\times\overset{1}{\cancel{4}}}{1\times\underset{2\ 1}{\cancel{8}}\times\underset{1}{\cancel{5}}}=3$

(6) $\left(-\frac{4}{3}\right)^2\div(-2)^3\times\left(-\frac{3}{5}\right)$

$=\frac{16}{9}\div(-8)\times\left(-\frac{3}{5}\right)$

$=\frac{16}{9}\times\left(-\frac{1}{8}\right)\times\left(-\frac{3}{5}\right)$

$=+\frac{\overset{2}{\cancel{16}}\times1\times\overset{1}{\cancel{3}}}{\underset{3}{\cancel{9}}\times\underset{1}{\cancel{8}}\times5}=\frac{2}{15}$

❷ $\square\div(-4.5)=\left(-\frac{2}{3}\right)\div2.5$ より，

$\square=\left(-\frac{2}{3}\right)\div2.5\times(-4.5)$

$=\left(-\frac{2}{3}\right)\div\frac{5}{2}\times\left(-\frac{9}{2}\right)$

$=\left(-\frac{2}{3}\right)\times\frac{2}{5}\times\left(-\frac{9}{2}\right)$

$=\frac{\overset{1}{\cancel{2}}\times2\times\overset{3}{\cancel{9}}}{\underset{1}{\cancel{3}}\times5\times\underset{1}{\cancel{2}}}=\frac{6}{5}$

9 正の数・負の数の計算 ①

❶ (1) -2 (2) 1 (3) -47 (4) -17
(5) -30 (6) 57 (7) -1 (8) 4

❷ (1) -30 (2) -4 (3) 35 (4) 18
(5) -6 (6) -1

解き方 考え方

❶ 乗除は加減より先に計算する。

(1) $-14-(-4)\times3=-14+12=-2$

(6) $(-6)^2-3\times(-7)=36+21=57$

(8) $15\times\left(-\frac{1}{2}\right)^2-\frac{5}{6}\div\left(-\frac{10}{3}\right)$
$=15\times\frac{1}{4}-\frac{5}{6}\times\left(-\frac{3}{10}\right)$
$=\frac{15}{4}+\frac{1}{4}=\frac{16}{4}=4$

❷ かっこの中→乗除→加減の順に計算する。

(4) $15\times(-2)-(-23+7)\times3$
$=-30-(-16)\times3$
$=-30+48=18$

(5) $(-8)+(-14+2^2)\div(-5)$
$=(-8)+(-14+4)\div(-5)$
$=(-8)+(-10)\div(-5)=(-8)+2$
$=-6$

10 正の数・負の数の計算 ②

❶ (1) -24 (2) -16 (3) 53 (4) 6
(5) -0.06 (6) 13

❷ (1) -2 (2) -11 (3) -180 (4) 18

解き方 考え方

❶ かっこの中にかっこがある式は，
( )→{ }の順に計算する。

(2) $(-7)-\{3-(-24)\div4\}$
$=(-7)-\{3-(-6)\}=(-7)-(3+6)$
$=-7-9=-16$

(6) $9-\{(-2)^3-(6-10)\}$
$=9-\{(-8)-(-4)\}=9-(-8+4)$
$=9-(-4)=9+4=13$

❷ 分配法則
$(\boldsymbol{a}+\boldsymbol{b})\times\boldsymbol{c}=\boldsymbol{a}\times\boldsymbol{c}+\boldsymbol{b}\times\boldsymbol{c}$
$\boldsymbol{c}\times(\boldsymbol{a}+\boldsymbol{b})=\boldsymbol{c}\times\boldsymbol{a}+\boldsymbol{c}\times\boldsymbol{b}$
を用いて計算する。

(2) $\left(-\frac{1}{6}+\frac{5}{8}\right)\times(-24)$
$=\left(-\frac{1}{6}\right)\times(-24)+\frac{5}{8}\times(-24)$
$=4-15=-11$

(3) $(-9)\times14+(-9)\times6$
$=(-9)\times(14+6)$
$=(-9)\times20=-180$

11 正の数・負の数の利用

❶ (1) E (2) 50 点 (3) 67 点

❷ (1) **ア，ウ** (2) **ア，イ，ウ**
(3) **ア，イ，ウ，エ**

❸ (1) 2×3^2 (2) $2\times5^2\times7$
(3) $2^2\times3^2\times19$

解き方 考え方

❶ (1) 基準の点との差が 0 の人である。

(2) $(+23)-(-27)=50$(点)

(3) $(-14)+(+5)+(+23)+(-27)+0+(-9)+(+16)+(-18)=-24$
$(-24)\div8=-3$ $70-3=67$(点)

❷ (1) $2-5=-3$，$2\div5=0.4$ のように，減法と除法で答えが自然数にならないことがある。

(2) $2\div5=0.4$ のように，除法で答えが整数にならないことがある。

❸ 素数（2，3，5，…）で順にわっていく。同じ数の積は，累乗(るいじょう)の形で表す。

(1)
```
2)18
3) 9
   3
```
$18=2\times3\times3$
$=2\times3^2$

(3)
```
2)684
2)342
3)171
3) 57
   19
```
$684=2\times2\times3\times3\times19$
$=2^2\times3^2\times19$

12 まとめテスト ①

❶ (1) $-4>-7$ (2) $-1<-\frac{1}{5}<-0.1$

❷ (1) 11 個 (2) 15

❸ (1) -9 (2) 6 (3) 2 (4) $\frac{5}{8}$

(5) -1 (6) 14

❹ -1 点

解き方考え方

❶ (2) $-\frac{1}{5}=-0.2$ より考える。

❷ (1) -5, -4, -3, -2, -1, 0, 1, 2, 3, 4, 5 の 11 個ある。

(2) $60=2^2\times3\times5$ なので，$3\times5=15$ をかけると，$60\times15=(2\times3\times5)^2=30^2$ となる。

❸ (4) $\frac{1}{8}-\left(-\frac{2}{3}\right)^2\div\left(-\frac{8}{9}\right)$

$=\frac{1}{8}-\frac{4}{9}\times\left(-\frac{9}{8}\right)=\frac{1}{8}+\frac{4}{8}=\frac{5}{8}$

(5) $10-\{-3-(3-5)\times7\}$

$=10-\{-3-(-2)\times7\}$

$=10-(-3+14)=10-11=-1$

(6) $\left(-\frac{5}{6}+\frac{4}{9}\right)\times(-36)$

$=\left(-\frac{5}{6}\right)\times(-36)+\frac{4}{9}\times(-36)$

$=30-16=14$

❹ 奇数(きすう)，偶数(ぐうすう)，奇数の順に出たので，得点は，$(-2)+(+3)+(-2)=-1$(点)

▶文字と式

13 文字式の表し方

❶ (1) $3ab$ (2) $6(a+b)$ (3) $4a^3$

(4) $-2x^3y^2$ (5) $\frac{x}{5}\left(\frac{1}{5}x\right)$ (6) $\frac{7x}{y}$

(7) $\frac{a+4}{9}$ (8) $-\frac{5x}{8}$

(9) $\frac{a}{6}-6b$ (10) $12x-\frac{a-b}{y}$

❷ (1) $2\times x\times x\times y$ (2) $5\times a\div b$

(3) $3\times a-b\div5$ (4) $(x+y)\div3$

解き方考え方

❶ (1) 積の記号×を省き，数を文字の前に書く。文字はアルファベット順に書く。

(2) $(a+b)$ は 1 つの文字とみる。

(3)・(4) 同じ文字の積は，累乗(るいじょう)の**指数**を使って表す。

(5) 記号÷を使わずに，分数の形で書く。

❷ $ab=a\times b$，$a^2=a\times a$

$\frac{y}{x}=y\div x$(分数はわり算にする)

(4) 分子の部分にかっこをつける。

14 数量の表し方

❶ (1) a^2cm^2 (2) $(300a+250)$円

(3) $\frac{x}{3}$時間 (4) $(4x+35y)$km

❷ (1) $(60a+b)$分 (2) $\left(x+\frac{y}{10}\right)$L

❸ (1) $\frac{11}{100}a$g$(0.11a$g$)$

(2) $\frac{7}{10}x$ 円$(0.7x$ 円$)$

(3) $\frac{9}{10}y$ 円$(0.9y$ 円$)$

解き方考え方

❶ 文字式の表し方にしたがって表す。

(3) **時間＝$\frac{\text{道のり}}{\text{速さ}}$** より，$\frac{x}{3}$時間かかる。

(4) **道のり＝速さ×時間** より，

$4\times x+35\times y=4x+35y$(km)

❷ 単位を[ ]の中にそろえて和を求める。

(1) 1 時間＝60 分より，a 時間＝$60a$ 分

(2) 10dL＝1L より，1dL＝$\frac{1}{10}$L

❸ **比べる量＝もとにする量×割合** である。

(1) 11％ ＝$\frac{11}{100}$ より，$a\times\frac{11}{100}=\frac{11}{100}a$(g)

(3) 1 割引き➡ $1-0.1=0.9$(＝9 割) だから，$y\times(1-0.1)=y\times0.9=0.9y$

$=\frac{9}{10}y$(円)

解答

15 式の値

❶ (1) 2 (2) -1 (3) -9 (4) 1
❷ (1) 6 (2) 36 (3) -36 (4) 36
❸ (1) -19 (2) -48
❹ (1) -1 (2) 2

解き方考え方

式の値は，式の中の文字に数を代入して求める。

❶ (3) $\frac{18}{x}=-\frac{18}{2}=-9$

❷ (3) $-a^2=-(-6)^2=-(-6)\times(-6)$
$=-36$
(4) $(-a)^2=\{-(-6)\}^2=6^2=36$

❸ (2) $-3x^2=-3\times4^2$
$=-3\times16=-48$

❹ (2) $\frac{3}{a}=3\div a=3\div\frac{3}{2}=3\times\frac{2}{3}=2$

16 1次式の計算 ①

❶ (1) 項(こう)…$5a$，-3　a の係数…5
(2) 項…$2x$，$4y$
x の係数…2，y の係数…4
(3) 項…$3x$，$-\frac{y}{2}$
x の係数…3，y の係数…$-\frac{1}{2}$
❷ (1) $7a$ (2) $2x$ (3) $-5y$ (4) $11x$
❸ (1) $9a$ (2) $8x-3$ (3) $a-10$
(4) $-3x+6$
❹ (1) $6a-5$ (2) $3x-15$ (3) $5x+6$
(4) $6a+1$

解き方考え方

❸ 文字の部分が同じ項と，数の項に分ける。
(2) $9x+4-x-7=9x-x+4-7$
$=(9-1)x+4-7=8x-3$

❹ かっこをはずし，文字の部分が同じ項どうし，数の項どうしを加える。
減法は，ひくほうの式の各項の符号(ふごう)を変えて加える。
(3) $(6x-3)-(x-9)$
$=(6x-3)+(-x+9)$
$=6x-3-x+9$
$=6x-x-3+9$
$=5x+6$

17 1次式の計算 ②

❶ (1) $13x-7$ (2) $x-1$
❷ (1) $8x-10$ (2) $x+\frac{11}{15}$
❸ (1) $-15x$ (2) $6x$ (3) $-3x$ (4) $7y$
❹ (1) $2a+10$ (2) $-9a+6$ (3) $4x+1$
(4) $-6x+4$

解き方考え方

❶ (2) $\left(-3x-\frac{1}{3}\right)+\left(4x-\frac{2}{3}\right)$
$=-3x-\frac{1}{3}+4x-\frac{2}{3}$
$=-3x+4x-\frac{1}{3}-\frac{2}{3}=x-1$

❷ (2) $\left(-4x+\frac{2}{5}\right)-\left(-5x-\frac{1}{3}\right)$
$=-4x+\frac{2}{5}+5x+\frac{1}{3}$
$=-4x+5x+\frac{2}{5}+\frac{1}{3}=x+\frac{11}{15}$

❹ 分配法則 $\boldsymbol{a(b+c)=ab+ac}$ を使う。
(4) $\left(\frac{3}{4}x-\frac{1}{2}\right)\times(-8)$
$=\frac{3}{4}x\times(-8)-\frac{1}{2}\times(-8)=-6x+4$

18 1次式の計算 ③

❶ (1) $12x+20$ (2) $8a-14$ (3) $6a-4$
(4) $-5x+7$
❷ (1) $10x-3$ (2) $10a+3$ (3) $13x+10$
(4) $-x+10$

❸ (1) $\frac{1}{4}x+1$　(2) $-x-6$

❹ (1) $3x-21$　(2) $3x+1$

解き方考え方

かっこは**分配法則**を使ってはずす。

❶ (1) $\frac{3x+5}{2}\times8=(3x+5)\times4$
$=12x+20$

(3) $(18a-12)\div3=(18a-12)\times\frac{1}{3}$
$=\frac{18a}{3}-\frac{12}{3}=6a-4$

❷ (4) $-3(x-6)+2(x-4)$
$=-3x+18+2x-8$
$=-x+10$

❸ (1) $\left(\frac{3}{4}x+\frac{5}{6}\right)-\left(\frac{1}{2}x-\frac{1}{6}\right)$
$=\frac{3}{4}x+\frac{5}{6}-\frac{1}{2}x+\frac{1}{6}$
$=\frac{3}{4}x-\frac{2}{4}x+\frac{5}{6}+\frac{1}{6}$
$=\frac{1}{4}x+1$

❹ (2) $A+2B=(-x+7)+2(2x-3)$
$=-x+7+4x-6$
$=3x+1$

19 関係を表す式

❶ (1) $y=5x+200$
(2) $x=4a+3$ $(x-4a=3)$

❷ (1) $y=100x-15a$　(2) $y=\frac{5}{6}x$

❸ (1) $6a\geqq500$　(2) $x-9<3x$

❹ $S=\frac{1}{2}\pi(a^2-b^2)$

解き方考え方

❷ 単位をそろえて，等式をつくる。
(2) 50 分間$=\frac{5}{6}$時間，**道のり＝速さ×時間**

❸ (1)「$6a$ の値が 500 以上」は，$6a\geqq500$ と表す。

❹ π は，積の中では，数のあと，その他の文字の前に書く。
色のついた部分の面積は，大きい半円の面積から小さい半円の面積をひいて求める。
円の面積＝半径×半径×円周率 を使う。
$S=\frac{1}{2}\pi a^2-\frac{1}{2}\pi b^2$
$=\frac{1}{2}\pi(a^2-b^2)$

20 まとめテスト②

❶ (1) $6\times a\times a\times b$　(2) $(2\times x-5)\div9$

❷ (1) $-20a+9$　(2) $8x-2$　(3) $9x-7$
(4) $-\frac{1}{4}x+\frac{1}{4}$

❸ (1) -7　(2) 12

❹ $12a+15b<100$ $(100-12a-15b>0)$

❺ $n=10a+b$

解き方考え方

❷ (1) $\left(\frac{5}{3}a-\frac{3}{4}\right)\times(-12)$
$=\frac{5}{3}a\times(-12)-\frac{3}{4}\times(-12)$
$=-20a+9$

(2) $\frac{4x-1}{3}\times6=\frac{(4x-1)\times\overset{2}{\cancel{6}}}{\underset{1}{\cancel{3}}}=(4x-1)\times2$
$=8x-2$

❸ (2) $a^2-a=(-3)^2-(-3)=9+3=12$

❹ 配ったチョコレートの個数は $12a+15b$（個）である。チョコレートが余ったことから，チョコレートの個数のほうが多いことがわかる。

▶１次方程式

21 方程式とその解

❶ (1) $3x+4=5x$　(2) $6x+70=670$

❷ **イ，カ**

❸ (1) 1　(2) 2　(3) -1　(4) 1

解き方考え方

❷ イ $x=4$ を両辺にそれぞれ代入すると，
左辺$=3\times4=12$　右辺$=4+8=12$
両辺が等しいので，$x=4$ は解である。

❸ -1，0，1，2 をそれぞれの式の x に代入し，等式が成り立つものを見つける。

22 等式の性質と方程式

❶ (1) ①　(2) ④（または，③）
❷ (1)（順に）8，8，8，6
(2)（順に）6，6，6，8
(3)（順に）5，5，5，-15
(4)（順に）-7，-7，-7，-16
❸ (1) $x=-8$　(2) $x=18$

解き方考え方

❸ (1) $7+x=-1$ の両辺から 7 をひくと，
$7+x-7=-1-7$　$x=-8$
(2) $\frac{1}{3}x=6$ の両辺に 3 をかけると，
$\frac{1}{3}x\times3=6\times3$　$x=18$

23 1次方程式の解き方 ①

❶ (1) $x=6$　(2) $x=-3$　(3) $x=1$
(4) $x=-2$　(5) $x=-5$　(6) $x=2$
❷ (1) $x=6$　(2) $x=4$　(3) $x=5$
(4) $x=-3$　(5) $x=-1$　(6) $x=3$

解き方考え方

❶ 文字の項(こう)を左辺，数の項を右辺に移項(いこう)する。
(4) $2-5x=12$
2 を移項すると，$-5x=12-2$
$-5x=10$　$x=-2$
(5) $x=4x+15$
$4x$ を移項すると，$x-4x=15$
$-3x=15$　$x=-5$

❷ 移項して，$ax=b$ の形にする。
(2) $x+6=6x-14$
6，$6x$ を移項すると，
$x-6x=-14-6$　$-5x=-20$
$x=4$
(5) $-2x+9=3-8x$
9，$-8x$ を移項すると，
$-2x+8x=3-9$　$6x=-6$
$x=-1$

24 1次方程式の解き方 ②

❶ (1)（順に）6，-6，$8x$，$8x$，6，$-5x$，-2
(2)（順に）$5x$，15，15，$5x$，15，$-3x$，-6，2
❷ (1) $x=-2$　(2) $x=14$　(3) $x=\frac{1}{2}$
(4) $x=\frac{3}{4}$　(5) $x=-6$

解き方考え方

❷ かっこをはずして移項する。
(2) $-4(x-4)=5(6-x)$
$-4x+16=30-5x$　$-4x+5x=30-16$
$x=14$
(5) $8(2x-4)-6(1+3x)=4x-2$
$16x-32-6-18x=4x-2$
$16x-18x-4x=-2+32+6$
$-6x=36$
$x=-6$

25 1次方程式の解き方 ③

❶ (1)（順に）12，12，12，$4x$，$9x$，60，-12
(2)（順に）28，28，28，$7x$，21，$4x$，21，7
❷ (1) $x=2$　(2) $x=-5$　(3) $x=1$
(4) $x=-3$　(5) $x=2$

解き方考え方

❷ 両辺に分母の最小公倍数をかけて，分母をはらい，係数を整数にする。

(2) $\dfrac{x-1}{2}=\dfrac{1}{5}x-2$　両辺に10をかけると，

$5(x-1)=2x-20$　$5x-5=2x-20$

$5x-2x=-20+5$　$3x=-15$

$x=-5$

(4) $\dfrac{3x+5}{2}=\dfrac{x-5}{4}$　両辺に4をかけると，

$2(3x+5)=x-5$　$6x+10=x-5$

$6x-x=-5-10$　$5x=-15$

$x=-3$

(5) $\dfrac{x-2}{4}-\dfrac{2x-1}{3}=-1$

両辺に12をかけると，

$3(x-2)-4(2x-1)=-12$

$3x-6-8x+4=-12$

$-5x=-12+6-4$　$-5x=-10$

$x=2$

26 1次方程式の解き方 ④

❶ (1) (順に)10，10，10，20，34，54，3

(2) (順に)内側，積，x，4，20，20，3

❷ (1) $x=-30$　(2) $x=-6$　(3) $x=8$

(4) $x=10$　(5) $x=38$　(6) $x=6$

解き方考え方

❷ (1)～(3) 係数に小数があるときは，両辺を10倍，100倍などして，整数になおして解く。

(2) $0.8x-1.56=1.2x+0.84$

両辺に100をかけると，

$80x-156=120x+84$

$80x-120x=84+156$　$-40x=240$

$x=-6$

(3) $0.2(x-1)=0.3(2-3x)+x$

両辺に10をかけると，

$2(x-1)=3(2-3x)+10x$

$2x-2=6-9x+10x$

$2x+9x-10x=6+2$

$x=8$

(4)～(6) 比例式の性質「$\boldsymbol{a:b=c:d}$ ならば $\boldsymbol{ad=bc}$」を使って解く。

(6) $3:5=x:(16-x)$

$3(16-x)=5x$　$48-3x=5x$

$-3x-5x=-48$　$-8x=-48$

$x=6$

27 1次方程式の利用 ①

❶ $a=-3$

❷ (1) $4(x-5)=3x-15$　(2) 5

❸ (1) $10x+6=60+x+18$

(2) 68

解き方考え方

❶ $0.5x-7a+x=12$ に $x=-6$ を代入する。

$0.5\times(-6)-7a+(-6)=12$

$-3-7a-6=12$　$-7a=21$

$a=-3$

❸ (1) 十の位の数が6，一の位の数がxである2けたの整数は，$10\times6+x=60+x$ である。すると，十の位の数と一の位の数を入れかえた数は，$10x+6$ になる。

(2) $10x+6=60+x+18$ を解くと，

$10x-x=78-6$　$9x=72$

$x=8$　よって，もとの正の整数は68

28 1次方程式の利用 ②

❶ (1) $7x+80=5(x+120)$

(2) 260円

❷ (1) $10x+50(35-x)=910$

(2) 10円硬貨(こうか)…21枚，50円硬貨…14枚

❸ 200円

解き方考え方

❶ (1) ケーキ1個と120円のジュース1本

の代金の5倍は，$5(x+120)$円である。

❷ (1) 10×(10円硬貨(こうか)の枚数)+50×(50円硬貨の枚数)=910

(2) $10x+50(35-x)=910$

$10x+1750-50x=910$

$10x-50x=910-1750$

$-40x=-840 \quad x=21$

❸ りんご1個の値段をx円とすると，方程式は $2(3x+250)=5(x+60)+400$

かっこをはずして，

$6x+500=5x+300+400 \quad x=200$

29 1次方程式の利用③

❶ (1) $8x-180=7x+60 \quad x=240$

(2) 1740円

❷ (1) $5x-8=4x+12 \quad x=20$

子ども…20人，折り紙…92枚

(2) $\dfrac{x+8}{5}=\dfrac{x-12}{4} \quad x=92$

折り紙…92枚，子ども…20人

❸ 兄…15歳(さい)，弟…5歳

解き方 考え方

❶ (2) $x=240$ を $8x-180$ に代入して，

$8\times240-180=1740$(円)

❷ (2) 折り紙の枚数をx枚とすると，あと8枚あれば子ども1人に5枚ずつ配ることができるので，子どもの人数は，

$\left(\dfrac{x+8}{5}\right)$人になる。

$x=92$を代入して，子どもの人数は，

$\dfrac{92+8}{5}=20$(人)

❸ 現在の弟の年齢をx歳とすると，兄は$3x$歳である。

5年後には，兄は$3x+5$(歳)，弟は$x+5$(歳)になるので，

$3x+5=2(x+5) \quad 3x+5=2x+10$

$3x-2x=10-5 \quad x=5$

30 1次方程式の利用④

❶ 15分後

❷ (1) $\dfrac{x}{80}-\dfrac{x}{200}=24$ (2) 3200m

❸ 8時16分

解き方 考え方

❶ 道のり=速さ×時間 より，x分後に出会うとすると，2人の歩く道のりを合わせると，x分後に2400mになるので，方程式は，$70x+90x=2400$

❷ (1) 時間$=\dfrac{\text{道のり}}{\text{速さ}}$

(2) (1)の方程式の両辺に400をかけると，

$5x-2x=9600 \quad 3x=9600$

$x=3200$

❸ 姉が出発してからx分後に妹に追いつくとすると，方程式は，$200x=50(12+x)$

$x=4$ このとき，家から$200\times4=800$(m) の地点にいる。よって，問題に適している。したがって，姉が妹に追いつくのは，8時12分+4分=8時16分になる。

31 まとめテスト③

❶ (1) $x=-7$ (2) $x=-6$

(3) $x=-4$ (4) $x=20$

❷ (1) $x=6$ (2) $x=14$

❸ $a=1$

❹ 800m

解き方 考え方

❸ $2x-\dfrac{a-x}{3}=-5$ に $x=-2$ を代入すると，$2\times(-2)-\dfrac{a-(-2)}{3}=-5$

$-4-\dfrac{a+2}{3}=-5$

これを解いて，$a=1$

❹ 家からP地点までの道のりをxmとすると，P地点から学校までの道のりは，

$(2000-x)$m である。

時間$=\dfrac{道のり}{速さ}$ より，

$\dfrac{x}{40}+\dfrac{2000-x}{60}=40$

両辺に 120 をかけると，

$3x+2(2000-x)=4800$　$x=800$

これは問題に適している。

▶比例・反比例

32 比　例 ①

❶ **ア，ウ**

❷ (左から順に)20，15，10，5，0

❸ (1) (左から順に)14，16，18，20，22，24

(2) $y=2(x+6)$　($y=2x+12$ でもよい)

(3) いえる。

解き方考え方

❶ x の値を決めると，それに対応して y の値がただ 1 つ決まるとき，**y は x の関数**であるという。**イ**は 1 つに決まらない。

❷ $x+y=25$ より，$y=25-x$

この式に $x=5$，10，…を代入していく。

❸ (1) 長方形の周の長さ$=2\times$(縦＋横)

(2) 縦 $x$cm，横 6cm より，$y=2(x+6)$

33 比　例 ②

❶ **ア**，比例定数…2

エ，比例定数…$-\dfrac{3}{4}$

❷ (1) $y=70x$，比例定数…70

(2) $y=80x$，比例定数…80

❸ (1) $y=-6x$　(2) 12

❹ (1) $y=\dfrac{3}{5}x$

(2) $0\leqq x\leqq 75$，$0\leqq y\leqq 45$

解き方考え方

❸ (1) y は x に比例するから，比例定数を a とすると，$y=ax$

$x=3$，$y=-18$ を代入して，

$-18=3a$　$a=-6$　よって，$y=-6x$

(2) $y=-6x$ に $x=-2$ を代入して，

$y=-6\times(-2)=12$

❹ (1) 5L で水の深さが 3cm になるから，1 L では$\dfrac{3}{5}$cm になる。よって，xL 入れたときの水の深さ $y$cm は，$y=\dfrac{3}{5}x$

(2) 水そうの深さは 45cm だから，y の変域(へんいき)は，$0\leqq y\leqq 45$

$45\div\dfrac{3}{5}=75$ より，75L まで水が入るから，x の変域は，$0\leqq x\leqq 75$

34 座　標

❶ A(2，3)

B(−2，2)

C(−2，−5)

D(4，−3)

❷ 右の図

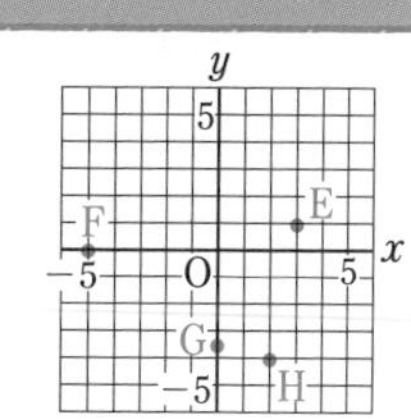

❸ (1) (2，−4)

(2) (3，2)　(3) 13cm^2

解き方考え方

❶ 点 P の x 座標→ P(a，b) ←点 P の y 座標

❸ (1)・(2) 点(a，b)と，x 軸(じく)について対称(たいしょう)な点は (a，$-b$)，y 軸について対称な点は($-a$，b)である。

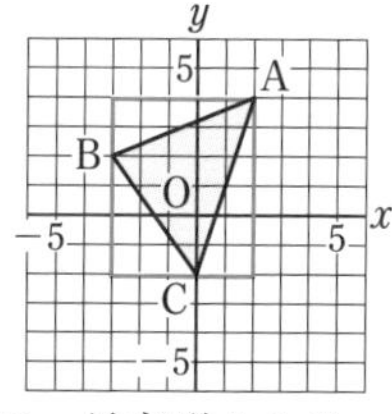

(3) 右上の図のように，長方形から 3 つの直角三角形の面積をひいて求める。

$6\times5-(3\times4\div2+2\times5\div2+2\times6\div2)$

$=30-(6+5+6)=13$(cm^2)

解答

35 比例のグラフ

❶ (1) (左から順に)6, 3, 0, -3, -6

(2) 右の図

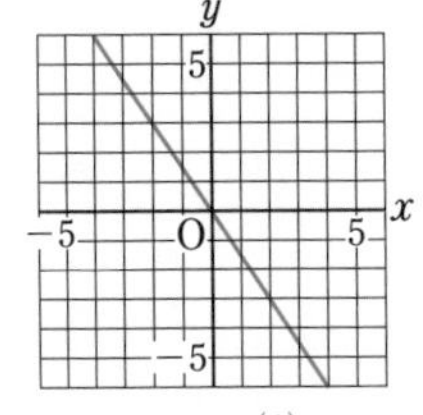

❷ 右の図

❸ (1) $y=3x$

(2) $y=-\frac{4}{3}x$

(3) $y=-\frac{1}{2}x$

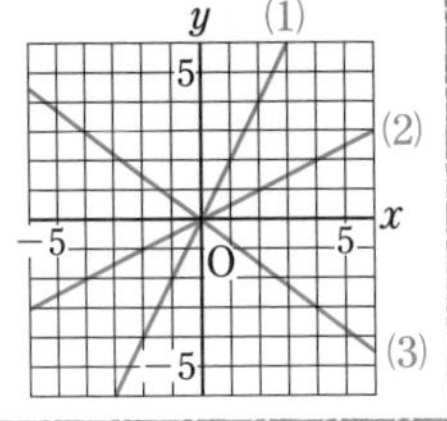

解き方考え方

❷ 比例 $y=ax$ のグラフは，原点ともう 1 つの点をとり，これらを通る直線をひいてかくことができる。

❸ グラフはどれも原点を通る直線であるから，$y=ax$ とおき，グラフから読みとった x と y の値を代入して，a の値を求める。

(3) 点(4, -2)を通ることより，

$y=ax$ に $x=4$, $y=-2$ を代入して，

$-2=4a$ $a=-\frac{1}{2}$より，

$y=-\frac{1}{2}x$

36 反比例

❶ (1) (左から順に)24, 12, 8, $\frac{24}{5}$(4.8), 4, 3

(2) $\frac{1}{2}$倍，$\frac{1}{3}$倍，$\frac{1}{4}$倍になる。

(3) $y=\frac{24}{x}$, y は x に反比例している。

❷ (1) $y=\frac{1200}{x}$ (2) 15 分

❸ (1) $y=-\frac{36}{x}$ (2) $-18\leqq y\leqq -3$

解き方考え方

❶ (1) 水そうがいっぱいになったときの水の量は，$4\times6=24$(L)

(3) $x\times y=24$ より，$y=\frac{24}{x}$

❷ (1) AB 間の道のりは，

$60\times20=1200$(m)

よって，$x\times y=1200$ より，$y=\frac{1200}{x}$

(2) (1)の式に，$x=80$ を代入する。

❸ (1) y が x に反比例するとき，xy の値は一定で，比例定数 a に等しいから，

$a=xy=9\times(-4)=-36$

(2) $x=2$ のとき，$y=-18$

$x=12$ のとき，$y=-3$

よって，y の変域(へんいき)は $-18\leqq y\leqq -3$

37 反比例のグラフ

❶ 右の図

❷ (1) C

(2) (順に) -56, 8

❸ (1) $a=8$

(2) 4

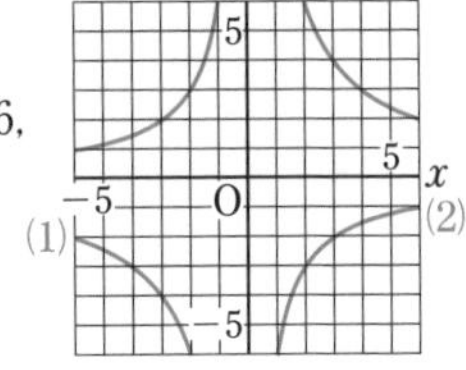

解き方考え方

❷ (2) $y=\frac{a}{x}$に $x=4$, $y=-14$ を代入して，a の値を求めると，$a=-56$

❸ (1) 点(-4, -2)を反比例のグラフ $y=\frac{a}{x}$ が通るから，$x=-4$, $y=-2$ を代入して，$-2=\frac{a}{-4}$

$a=(-4)\times(-2)=8$

(2) 点 P は $y=\frac{8}{x}$上にあるので，

$\mathrm{OQ}\times\mathrm{QP}=8$

よって，三角形 OPQ の面積

$=\mathrm{OQ}\times\mathrm{QP}\div2$

$=8\div2=4$

38 比例・反比例の利用 ①

❶ (1) $y=600x$ (2) 時速 15km
(3) 31.5 km
❷ (1) $y=15x$ (2) 14m
❸ 毎分 4L

解き方考え方

❶ (1) グラフより，10 分で 6 km 進んでいるから，6000÷10=600 より，1 分で 600m 進む。よって，$y=600x$
(2) グラフより，20 分で 5km 進んでいるから，$5\times\frac{60}{20}=15$ (km) より，
時速 15km
(3) 1.5 時間で，A は(1)の式に $x=90$ を代入して，$y=54000$ より，54 km 進む。
B は 15×1.5=22.5 (km) 進む。
よって，道のりの差は，
54−22.5=31.5 (km)
❷ (1) 針金の重さは 8m で 120g だから，
120÷8=15 より，1m で 15g である。
よって，$y=15x$
(2) (1)の式に $y=210$ を代入して，x の値を求める。
❸ 水そうに入っている水の量は，
3×24=72(L)
くみ上げる水の量を毎分 xL，時間を y 分とすると，$xy=72$ となる。
この式に $y=18$ を代入して，$x=4$

39 比例・反比例の利用 ②

❶ (1) $a=\frac{3}{2}$，$b=24$ (2) R(−8, −3)
❷ (1) A(2, 6) (2) $a=3$
(3) 12 個

解き方考え方

❶ (1) 点 P と点 Q は原点について対称(たいしょう)だから，点 P の y 座標は 6 になる。
P(4, 6)より，①，②の式にそれぞれ $x=4$，$y=6$ を代入して，
$6=4a \quad a=\frac{3}{2}$
$6=\frac{b}{4} \quad b=24$
(2) 点 R は $y=\frac{24}{x}$ のグラフ上の点で，x 座標が −8 だから，$y=\frac{24}{-8}=-3$
R(−8, −3)
❷ (1) 点 A の y 座標が 6 だから，$y=\frac{12}{x}$ に $y=6$ を代入して，$x=2$ A(2, 6)
(2) 点 A は $y=ax$ のグラフ上の点だから，$x=2$，$y=6$ を代入して，$6=2a$
$a=3$
(3) $y=\frac{12}{x}$ で，x，y が整数となるのは，x が 12 の約数のときである。よって，
(1, 12), (2, 6), (3, 4), (4, 3), (6, 2), (12, 1), (−1, −12), (−2, −6), (−3, −4), (−4, −3), (−6, −2), (−12, −1)の 12 個ある。

40 まとめテスト ④

❶ (1) $y=\frac{8}{3}x$ (2) $y=-\frac{28}{x}$
❷ (1) $y=\frac{1}{3}x$ (2) $y=-3x$ (3) $y=\frac{8}{x}$
(4) $y=-\frac{4}{x}$
❸ (1) B(−2, −3)，$a=6$
(2) C(6, 1) (3) 8

解き方考え方

❶ (1) $y=ax$ に，$x=3$，$y=8$ を代入して，a の値を求めると，$a=\frac{8}{3}$
(2) $y=\frac{a}{x}$ に，$x=-4$，$y=7$ を代入して，a の値を求めると，$a=-28$
❸ (1) $x=2$ を①の式に代入して，$y=3$
A(2, 3) 点 A と点 B は原点について

対称だから，B(−2, −3)
$x=2$, $y=3$ を②の式に代入して，
$a=2\times3=6$
(3) 右の図より，
三角形OACの面積
$=3\times6-(3\times2\div2+4\times2\div2+6\times1\div2)$
$=18-(3+4+3)$
$=18-10=8$

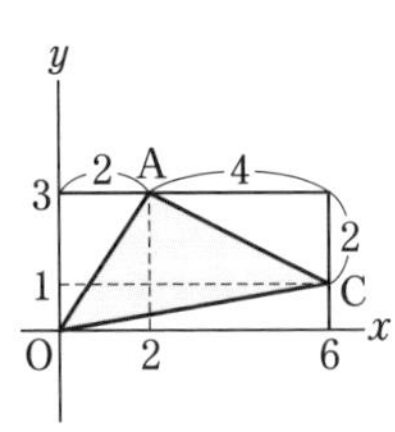

▶平面図形

41 直線と角

❶ (1) 線分CE，線分ED，線分CD
(2) 7本

❷ (1) $\ell /\!/ m$，5cm　(2) $m\perp n$
(3) 3cm

❸ (1) ∠APB，∠ACD(∠PCD)
(2) 頂点…P，辺…PBとPC

解き方考え方

❷ (3) 点Pから直線 m に垂線をひき，m との交点をQとするとき，線分PQの長さを，点Pと直線 m との**距離**という。

42 図形の移動①

❶ (1)

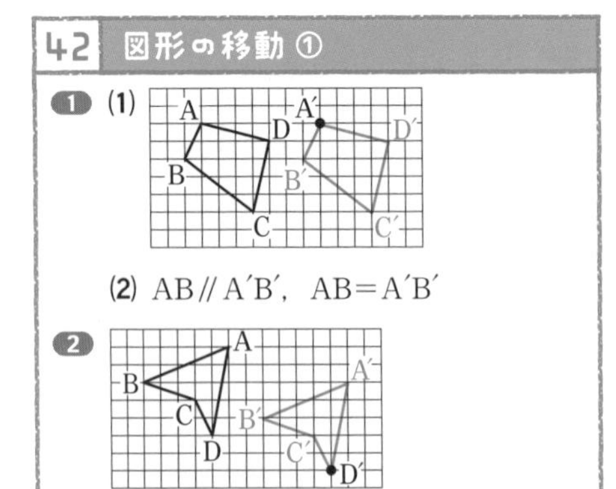

(2) AB$/\!/$A′B′，AB＝A′B′

❷

❸ (1) ①　②

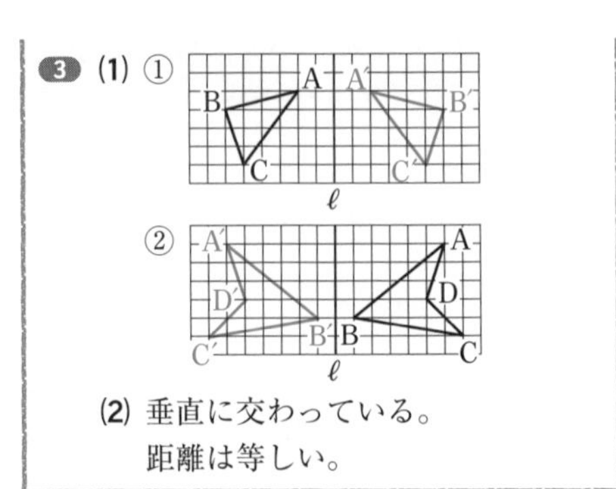

(2) 垂直に交わっている。
距離は等しい。

解き方考え方

❶ 図形上のすべての点を，同じ方向に同じ距離だけ移す移動を**平行移動**という。
(2) 平行移動してできた図形ともとの図形の対応する線分は，平行で長さが等しい。

❸ 図形上のすべての点を，直線について線対称の位置に移す移動を**対称移動**という。

43 図形の移動②

❶ (1)

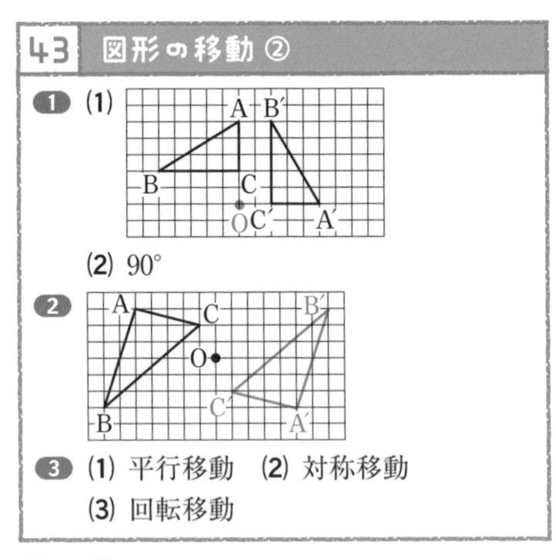

(2) 90°

❷

❸ (1) 平行移動　(2) 対称移動
(3) 回転移動

解き方考え方

❶ 図形上のすべての点を，1点を中心として，同じ角度だけ回転させる移動を**回転移動**という。
(1) 線分AA′と線分BB′それぞれの垂直二等分線の交点が回転の中心になる。

❷ 180°の回転移動では，図形上の点は点O を対称の中心とする位置に移動する。

44 基本の作図

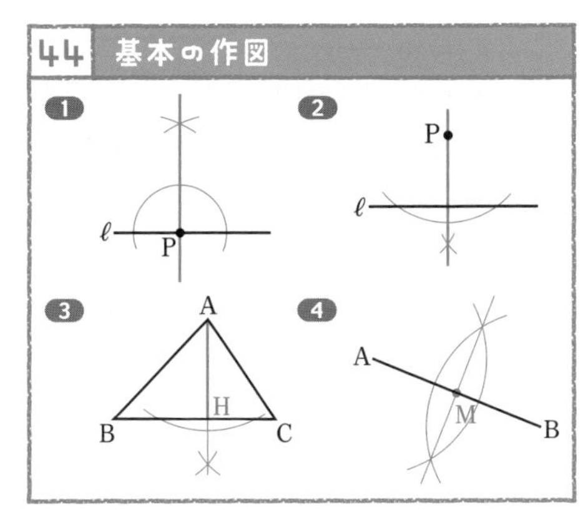

解き方考え方

❶ ❷ 点Pを中心とする円をかき，直線 ℓ との2つの交点をそれぞれ中心として，等しい半径の円をかく。その交点とPを通る直線をひく。

❸ 点Aを中心に円をかき，辺BCとの2つの交点をそれぞれ中心として，等しい半径の円をかく。その交点HとAを直線で結ぶ。

AからBCとの交点Hまでが高さになる。

❹ 点A，Bをそれぞれ中心として，等しい半径の円をかき，その2つの交点を結ぶ。その直線（線分ABの垂直二等分線）と線分ABとの交点をMとする。

45 作図の利用

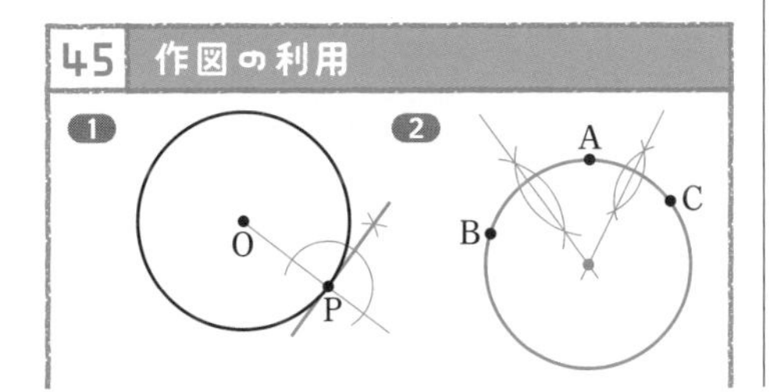

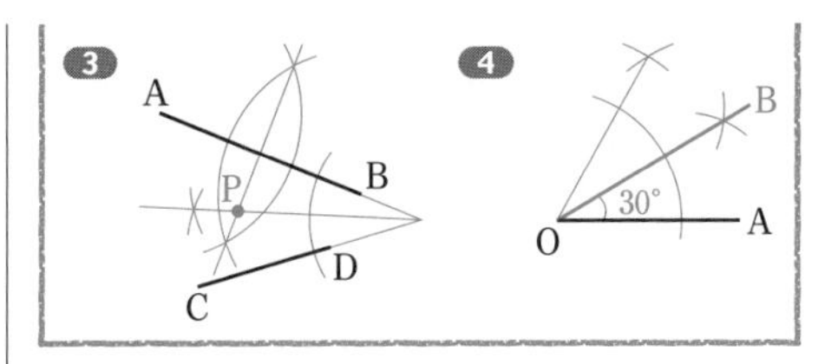

解き方考え方

❶ 接線は，接点Pを通る半径OPに**垂直**であるから，点Pを通る直線OPの垂線を作図する。

❷ 2点A，Bまでの距離（きょり）が等しい点は，線分ABの**垂直二等分線**上にあり，2点A，Cまでの距離が等しい点は，線分ACの垂直二等分線上にある。この2つの直線の交点が求める円の中心になる。

❸ 線分AB，CDからの距離が等しい点は，AB，CDを延長してできる**角の二等分線**上にある。また，AP＝BPとなる点は，線分ABの垂直二等分線上にある。この2つの直線の交点が点Pになる。

❹ 正三角形の作図のしかたを利用して，60°の角を作図する。次に，60°の角の二等分線OBをひくと，∠AOB＝30°

46 円とおうぎ形

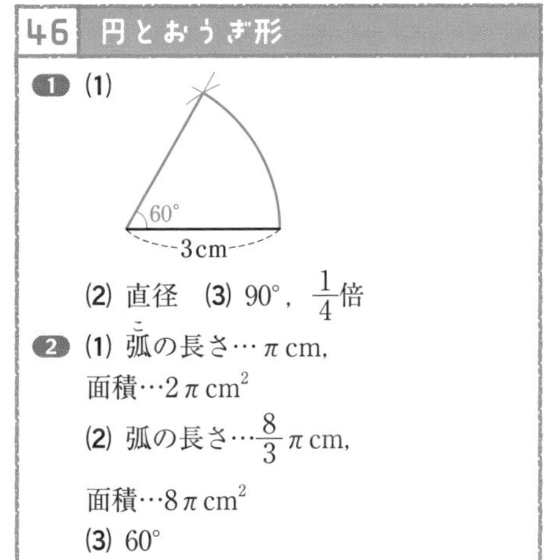

❶ (1)

(2) 直径　(3) 90°，$\frac{1}{4}$倍

❷ (1) 弧（こ）の長さ…π cm，
面積…2π cm^2

(2) 弧の長さ…$\frac{8}{3}\pi$ cm，
面積…8π cm^2

(3) 60°

解き方考え方

❷ (2) 弧の長さは，$2\pi \times 6 \times \frac{80}{360} = \frac{8}{3}\pi$ (cm)

面積は，$\pi \times 6^2 \times \frac{80}{360} = 8\pi$ (cm^2)

(3) 中心角を $x°$ とすると，

$2\pi \times 12 \times \frac{x}{360} = 4\pi$

これを解いて，$x=60$

❸ 右の図のように考えて，ひもの長さは，直径3cmの1つの円周と1辺6cmの正三角形のまわりの長さの和だから，

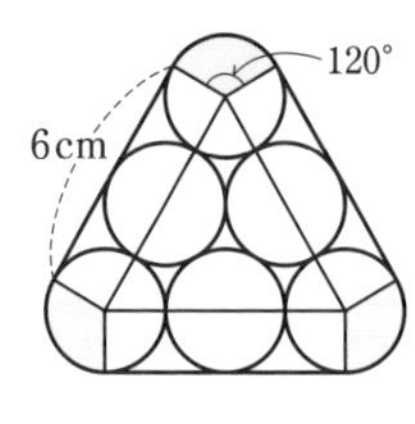

$3\pi + 6 \times 3 = 3\pi + 18$(cm)

47 おうぎ形の弧の長さと面積

❶ (1) まわりの長さ…（$10\pi+6$)cm，
面積…15π cm^2

(2) まわりの長さ…10π cm，
面積…6π cm^2

❷ (1) ($16\pi-32$)cm^2

(2) ($9\pi+54$)cm^2

❸ ($3\pi+18$)cm

解き方考え方

❶ (1) まわりの長さは，

$3 \times 2 + 2\pi \times 6 \times \frac{120}{360} + 2\pi \times 9 \times \frac{120}{360}$

$= 10\pi + 6$(cm)

面積は，

$\pi \times 9^2 \times \frac{120}{360} - \pi \times 6^2 \times \frac{120}{360} = 15\pi$ (cm^2)

❷ 補助線をひいて，面積の等しい部分を移動させて考える。

(1) 右の図のように考えて，

$\frac{1}{4}$円－直角二等辺三角形

$= \frac{1}{4} \times 64\pi - \frac{1}{2} \times 8 \times 8$

$= 16\pi - 32$(cm^2)

8cm

(2) 右の図のように考えて，

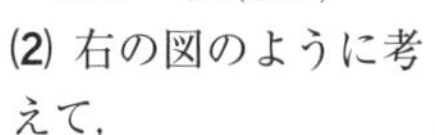

$\frac{1}{4}$円＋直角三角形

$= \frac{1}{4} \times 36\pi + \frac{1}{2} \times 6 \times (12+6)$

$= 9\pi + 54$(cm^2)

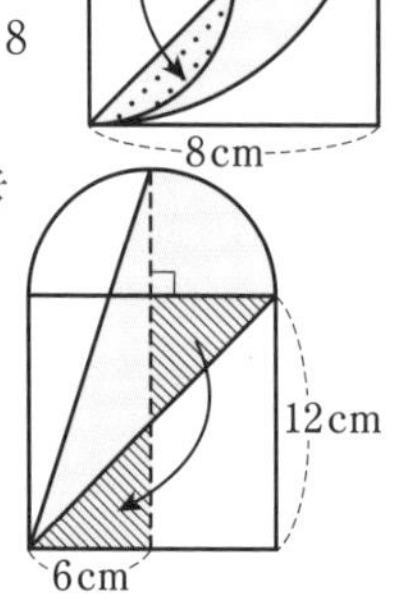

48 まとめテスト⑤

❶ (1) ∠AOB

(2) AB∥DC

(3) AC ⊥ BD

❷

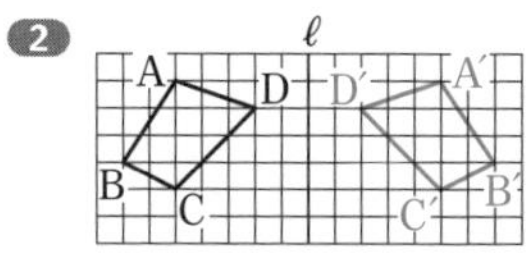

❸

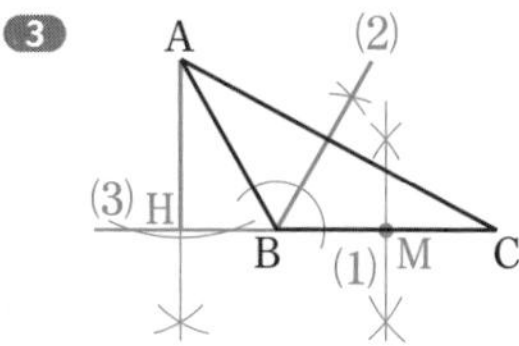

❹ まわりの長さ…($15\pi+8$)cm，
面積…30π cm^2

解き方考え方

❸ (3) 辺CB を延長し，点 A から直線CB に垂線をひき，CB との交点を H とすると，AH が高さになる。

❹ まわりの長さは，

$4 \times 2 + 16\pi \times \frac{135}{360} + 24\pi \times \frac{135}{360}$

$= 8 + 6\pi + 9\pi$

$= 15\pi + 8$(cm)

面積は，

$\pi \times 12^2 \times \frac{135}{360} - \pi \times 8^2 \times \frac{135}{360}$

$= 54\pi - 24\pi$

$= 30\pi$ (cm^2)

49 いろいろな立体

❶ (1) A…円錐（すい），B…三角錐

(2) ①頂点　②側面　③底面

❷

	面の数	辺の数	頂点の数	底面の形	側面の形
三角柱	5	9	6	三角形	長方形
三角錐	4	6	4	三角形	三角形
五角柱	7	15	10	五角形	長方形

❸ (1) 正方形

(2) 4つ，二等辺三角形

(3) 正八面体

解き方考え方

❷ どの立体も下の関係が成り立つ。
(面の数)＋(頂点の数)－(辺の数)＝2

❸ (3) すべての辺の長さが等しい2つの正四角錐の底面をぴったり合わせると，どの面もすべて合同な正三角形で，どの頂点にも面が4つ集まる正八面体となる。

50 直線や平面の位置関係

❶ **イ，ウ，エ，オ**

❷ (1) 辺 AE，CG，DH

(2) 面 AEHD，CGHD

(3) 辺 AB，BC，EF，FG

(4) 辺 AD，EH，CD，GH

❸ (順に)長方形，90，⊥，⊥

解き方考え方

❶ **ア**の1直線上にある3点をふくむ平面は，無数にある。

❷ (4) 辺 BF と平行でなく，交わらない辺を見つける。

❸ 辺 AD が底面 DEF 上の平行でない2つの直線に垂直になっていることを説明している。

51 立体の展開図と投影図

❶ (例)

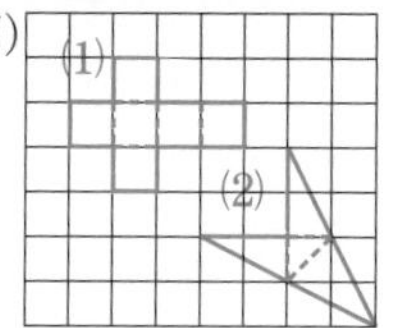

❷ (1) 円錐（すい）　(2) (正)四角錐　(3) 球

❸ **イ，オ**

解き方考え方

❷ (3) **立面図**(正面から見た図)と**平面図**(真上から見た図)が，どちらも円である立体は球である。

❸ 立面図と平面図だけでは，形が決まらないときがある。
立面図と平面図が合同な長方形の立体は，正四角柱か円柱である。

52 立体の表面積と体積 ①

❶ (1) 400π cm^2　(2) 600π cm^2

(3) 2000π cm^3

❷ (1) 表面積…510cm^2，体積…450cm^3

(2) 表面積…200cm^2，体積…168cm^3

解き方考え方

❶ (1) 円柱の展開図をかいて考える。

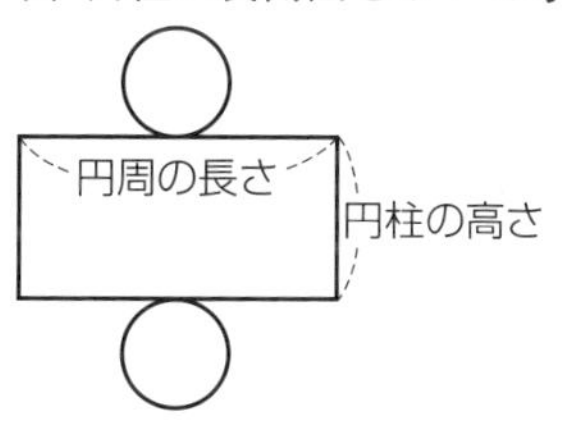

$2\pi\times10\times20=400\pi$ (cm^2)

(2) $\pi\times10^2\times2+400\pi$
$=200\pi+400\pi=600\pi$ (cm^2)

❷ (1) 表面積は，
$\frac{1}{2}\times12\times5\times2+15\times(5+12+13)$
$=60+450=510$(cm^2)

体積は，$30\times15=450(\text{cm}^3)$

(2) 表面積は，$\frac{1}{2}\times(4+10)\times4\times2+(4+5\times2+10)\times6=56+144=200(\text{cm}^2)$

体積は，$28\times6=168(\text{cm}^3)$

53 立体の表面積と体積 ②

❶ (1) 72cm^3　(2) 96cm^2

❷ $\frac{256}{3}\text{cm}^3$

❸ 5056cm^3

解き方考え方

❶ (1) $\frac{1}{3}\times\frac{1}{2}\times9\times6\times8=72(\text{cm}^3)$

(2) 底面積は，$6\times6=36(\text{cm}^2)$

側面積は，$\frac{1}{2}\times6\times5\times4=60(\text{cm}^2)$

表面積は，$36+60=96(\text{cm}^2)$

❷ $\frac{1}{3}\times\frac{1}{2}\times8\times8\times8=\frac{256}{3}(\text{cm}^3)$

❸ $\frac{1}{3}\times28\times28\times(9+12)-\frac{1}{3}\times12\times12\times9$
$=5056(\text{cm}^3)$

54 立体の表面積と体積 ③

❶ 中心角…288°，側面積…$180\pi\text{cm}^2$

❷ (1) $50\pi\text{cm}^3$　(2) $192\pi\text{cm}^3$

❸ $36\pi\text{cm}^2$

❹ 表面積…$24\pi\text{cm}^2$，体積…$12\pi\text{cm}^3$

解き方考え方

❶ 側面のおうぎ形の中心角をx°とすると，おうぎ形の弧の長さは底面の円周と等しいから，$2\pi\times15\times\frac{x}{360}=2\pi\times12$

これを解いて，$x=288$

側面積は，$\pi\times15^2\times\frac{288}{360}=180\pi(\text{cm}^2)$

❷ (2) $\frac{1}{3}\times\pi\times6^2\times16=192\pi(\text{cm}^3)$

❸ **おうぎ形の面積$=\frac{1}{2}\times$(弧の長さ)$\times$(半径)**

弧の長さは，$2\pi\times9\times\frac{120}{360}=6\pi(\text{cm})$

側面積は，$\frac{1}{2}\times6\pi\times9=27\pi(\text{cm}^2)$

底面の半径を$x$cmとすると，

$2\pi x=6\pi$より，$x=3$

よって，底面積は，$\pi\times3^2=9\pi(\text{cm}^2)$

表面積は，$27\pi+9\pi=36\pi(\text{cm}^2)$

❹ 側面積は，$\frac{1}{2}\times6\pi\times5=15\pi(\text{cm}^2)$

表面積は，$15\pi+\pi\times3^2=24\pi(\text{cm}^2)$

体積は，$\frac{1}{3}\times\pi\times3^2\times4=12\pi(\text{cm}^3)$

55 立体の表面積と体積 ④

❶ (1) $S=4\pi r^2$　(2) $V=\frac{4}{3}\pi r^3$

❷ (1) 表面積…$64\pi\text{cm}^2$，

体積…$\frac{256}{3}\pi\text{cm}^3$

(2) 表面積…$144\pi\text{cm}^2$，

体積…$288\pi\text{cm}^3$

❸ (1) 球…$\frac{2048}{3}\pi\text{cm}^3$，

円柱…$1024\pi\text{cm}^3$

(2) 球…$256\pi\text{cm}^2$，

円柱…$384\pi\text{cm}^2$

解き方考え方

❸ (1) 球の体積は，$\frac{4}{3}\pi\times8^3=\frac{2048}{3}\pi(\text{cm}^3)$

円柱の体積は，$\pi\times8^2\times16=1024\pi(\text{cm}^3)$

(2) 球の表面積は，$4\pi\times8^2=256\pi(\text{cm}^2)$

円柱の表面積は，

$\pi\times8^2\times2+16\pi\times16=384\pi(\text{cm}^2)$

56 立体の表面積と体積 ⑤

❶ (1) 円錐(すい)　(2) 球

❷ (1) $100\pi\text{cm}^3$　(2) $240\pi\text{cm}^3$

❸ (1) 表面積…80π cm^2,
体積…96π cm^3
(2) 表面積…108π cm^2,
体積…144π cm^3

解き方考え方

❷ (2) 底面の半径が 12cm, 高さが 5cm の円錐ができるから, 体積は,
$\frac{1}{3}\times\pi\times12^2\times5=240\pi$ (cm^3)

❸ (1) 底面の半径が 4cm, 高さが 6cm の円柱ができるから, 表面積は,
$2\pi\times4\times6+\pi\times4^2\times2=48\pi+32\pi$
$=80\pi$ (cm^2)
体積は, $\pi\times4^2\times6=96\pi$ (cm^3)
(2) 半径が 6cm の半球ができるから, 表面積は, 半球の表面積+半径 6cm の円の面積
$=4\times\pi\times6^2\times\frac{1}{2}+\pi\times6^2=72\pi+36\pi$
$=108\pi$ (cm^2)
体積は, $\frac{4}{3}\pi\times6^3\times\frac{1}{2}=144\pi$ (cm^3)

57 まとめテスト⑥

❶ (1) 辺 BE, CF
(2) 面 BEFC, ABC, DEF
(3) 辺 DF, EF, CF

❷ **ア, エ**

❸ (1) 表面積…144π cm^2,
体積…128π cm^3
(2) 表面積…51π cm^2,
体積…54π cm^3

解き方考え方

❷ **イ, ウ**では同一平面上にない場合がある。

❸ (1) 表面積は,
$\pi\times8^2+\frac{1}{2}\times16\pi\times10=144\pi$ (cm^2)
体積は, $\frac{1}{3}\times\pi\times8^2\times6=128\pi$ (cm^3)
(2) 表面積は,
$4\pi\times3^2\times\frac{1}{2}+6\pi\times(7-3)+\pi\times3^2$
$=18\pi+24\pi+9\pi=51\pi$ (cm^2)
体積は, $\frac{4}{3}\pi\times3^3\times\frac{1}{2}+\pi\times3^2\times(7-3)$
$=18\pi+36\pi=54\pi$ (cm^3)

▶データの整理

58 度数分布表

❶ (1) 3.50m 以上 3.75m 未満
(2) (上から順に)2, 4, 6, 4, 4, 20
(3)

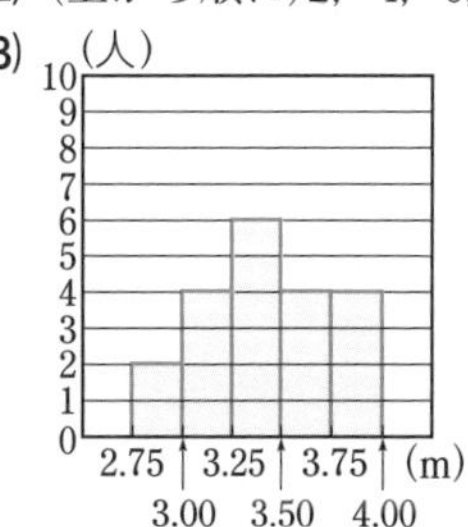

(4)

記録(m)	相対度数	累積(るいせき)度数
以上 未満		
2.75 ~ 3.00	0.1	2
3.00 ~ 3.25	0.2	6
3.25 ~ 3.50	0.3	12
3.50 ~ 3.75	0.2	16
3.75 ~ 4.00	0.2	20
計	1.0	

(5) 3.375 (6) 0.4

解き方考え方

❶ (1) 2.75m 以上 3.00m 未満のような区間のことを**階級**という。3.50m は,「3.25m 以上 3.50m 未満」の階級には入らない。
(4) **相対度数**$=\frac{\text{その階級の度数}}{\text{度数の合計}}$
累積度数=**最小の階級からその階級までの度数の合計**
(5) 度数分布表で度数がもっとも多い階級の階級値を**最頻値**(さいひんち)という。
(6) $0.2+0.2=0.4$

59 統計的確率

1 (1)

投げた回数(回)	50	100	200	300	400	500	600
1の目が出た回数(回)	5	14	30	45	64	82	93
1の目が出る相対度数	0.10	0.14	0.15	0.15	0.16	0.16	0.16

700	800	900	1000	1100	1200	1300	1400	1500
108	123	137	153	171	190	219	238	256
0.15	0.15	0.15	0.15	0.16	0.16	0.17	0.17	0.17

(2)

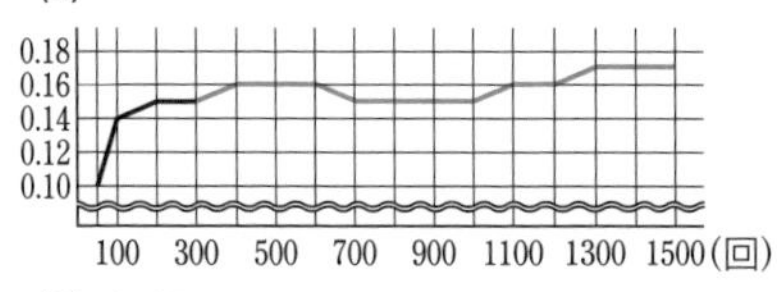

(3) 0.17

2 0.5

解き方考え方

統計的確率が p であるということは，同じ実験や観察を多数回くり返すとき，そのことがらの起こる相対度数が p に近づくという意味をもっている。

60 まとめテスト ⑦

1 (1) (上から順に)1, 5, 8, 4, 2, 20

(2) (人)

10 9 8 7 6 5 4 3 2 1 0

10 15 20 25 30 35 (m)

(3) 0.25 (4) 30%

2 (1)

投げた回数(回)	50	100	200	300	400	500	1000
偶数の目が出た回数(回)	21	41	95	157	210	259	502
偶数の目が出る相対度数	0.42	0.41	0.48	0.52	0.53	0.52	0.50

(2) 0.5

解き方考え方

1 (3) $5 \div 20 = 0.25$

(4) $(4+2) \div 20 \times 100 = 30(\%)$